U0391178

河南省区域环境风险分析与差异化管理

杨小林　著

科学出版社

北京

内 容 简 介

本书在系统介绍区域环境风险分析与管理的理论与技术框架基础上，以河南省为研究对象，开展区域环境风险评价与管理研究。本书主要研究内容包括区域环境风险概述，区域环境风险研究的理论框架，环境风险评价的理论与方法，河南省累积性环境污染物排放的时空变化特征与机理分析，河南省突发性环境污染事故发生频数的时间变化特征与发生机理分析，河南省区域环境风险源危险性、风险受体脆弱性和区域环境风险动态综合评估与等级分区，河南省区域环境风险差异化管理策略分析，基于情景分析的河南省区域环境风险防控战略预测分析。

本书适用于从事环境风险分析与管理的政府管理人员、企业安全管理人员、防灾减灾规划制定人员等阅读，也可以作为环境风险管理及相关专业的科研人员及高等院校师生的参考用书。

图书在版编目（CIP）数据

河南省区域环境风险分析与差异化管理/杨小林著. —北京：科学出版社，2021.1
ISBN 978-7-03-067008-3

Ⅰ. ①河… Ⅱ. ①杨… Ⅲ. ①区域环境-风险分析-研究-河南②区域环境管理-研究-河南 Ⅳ. ①X321.261

中国版本图书馆 CIP 数据核字（2020）第 231942 号

责任编辑：吴卓晶 / 责任校对：马英菊
责任印制：吕春珉 / 封面设计：北京睿宸弘文文化传播有限公司

*科 学 出 版 社*出版
北京东黄城根北街 16 号
邮政编码：100717
http://www.sciencep.com

北京中科印刷有限公司 印刷
科学出版社发行　各地新华书店经销

＊

2021 年 1 月第 一 版　　开本：B5（720×1000）
2021 年 1 月第一次印刷　　印张：13
字数：260 000

定价：109.00 元
（如有印装质量问题，我社负责调换〈中科〉）
销售部电话 010-62136230　编辑部电话 010-62143239（BN12）

前　　言

近年来，我国区域发展过程中，工业化、城市化水平大幅提升，经济高速增长，然而由于技术、认识、资源等方面的局限，区域发展过程中产业定位、空间布局、区域与周边地区相互间关系不尽合理，产业布局型、结构型环境风险不断加深，区域可持续发展和生态安全受到严重威胁。一方面，累积性环境污染问题突出，如水体污染、雾霾天气、土壤污染等已成为我国当前较严重的环境问题；另一方面，突发性环境污染事故频发，给环境安全和公众生命财产安全造成严重威胁。

环境风险研究主要是评价和预测人类活动引起的生态环境危害事件发生的概率，以及在不同概率下事件造成后果的严重性，并决定采取适宜的控制对策。区域环境风险评价是对区域内多个环境风险因素的综合评价，重点关注功能布局、产业定位、项目选址等可能引发的大尺度环境风险，并基于既定的区域环境安全目标确定可承受的风险程度及损害水平，为区域开发过程中产业布局、产业结构调整、区域环境风险综合管理和防灾减灾规划决策提供科学依据。由于我国经济发展模式的限制，结构型、布局型环境风险短期内彻底改变存在较大难度，且环境风险源、风险受体、风险传播的空间特性导致区域环境风险呈现很强的空间变异性，因此，开展区域环境风险时空动态综合评价，划分环境风险等级，结合区域社会经济发展实际，实现区域环境风险差异化管理，具重要现实意义。

2012年11月，国务院正式批复《中原经济区规划（2012—2020年）》，中原经济区建设拥有了纲领性文件。中原经济区以郑州大都市区为核心、中原城市群为支撑，涵盖河南全省并延及周边地区的经济区域。中原经济区建设将成为河南省经济社会快速发展的重大机遇，然而在区域开发建设的背景下，物质流、能量流不断聚集，特别是大力发展工业、承接东部地区产业转移，区域发展带来的环境风险形势将更加严峻，也将直接限制河南省区域经济社会环境的可持续发展。为此，本书在现有环境风险评价与管理相关研究基础上，以中原经济区主体河南省为研究对象，开展河南省区域环境风险分析与管理研究，通过揭示河南省区域环境风险时空动态变化特征与发生机理，结合区域经济社会发展的实际需求，提出了区域环境风险的差异化管理方案，以期为河南省经济社会环境的可持续发展提供依据。

本书共分为10章。第1章系统介绍与环境风险相关的基本概念，概述本书的研究背景和意义，总结区域环境风险的研究目的、任务和主要内容，综述区域环境风险研究的进展，并指出区域环境风险研究中存在的问题。第 2 章和第 3 章分别介绍区域环境风险分析与管理的理论体系，比较分析微观、宏观尺度环境风险评价的常用方法。第 4 章和第 5 章分别在河南省累积性环境污染物排放和突发性环境污染事故发生频数的时空变化特征与发生机理分析基础上，引入 EKC 假设模型和 Lasperyses 完全因素分解模型揭示河南省累积性环境污染物排放和突发性环境污染事故发生的机理。第 6～8 章分别构建区域环境风险源危险性、风险受体脆弱性和区域环境风险综合评价体系，对河南省区域环境风险源危险性、风险受体脆弱性和区域环境风险进行时空动态综合评估和等级分区。第 9 章构建区域环境风险的差异化管理方法体系，根据河南省区域环境风险时空特征，提出河南省区域环境风险的差异化管理策略。第 10 章引入情境分析法开展未来河南省区域环境风险的防控战略选择研究。

本书是由国家自然科学基金联合基金"基于 GIS 的区域洪灾社会脆弱性评估与减灾策略研究——以河南省为例"（U1504705）、国家社会科学基金项目"黄河流域生态风险的区域异质、空间溢出与差异化协同共治研究"、教育部人文社会科学研究青年基金项目"丹江口库区大气氮沉降富营养效应评估与流域氮素管理研究"（16YJCZH051）、"丹江口库区消落带植被淹水养分释放富营养风险与消落带管理利用研究"（17YJCZH217）、河南省科技公关项目"基于'营养氮'临界负荷的丹江口库区大气氮沉降生态效应研究"（172102310182）和河南理工大学公共管理重点学科资助出版。感谢导师张希明先生、朱波先生、陈安先生对作者研究之路的引导，他们在生物地球化学循环、风险管理等领域的造诣让作者受益良多。课题组其他成员为本书的完成也给予了大量支持，特别感谢谢东方先生、陈志超先生、李太魁先生等提出的宝贵意见，以及给予的大力支持！还要感谢杜久升老师、顾令爽老师、刘涛老师、金英淑老师、杨桂英老师等为本书完成所做的工作。

区域环境风险分析与管理的理论体系尚不成熟，各种新的理论、方法在不断探索发展之中。希望本书在前人研究基础上，能为我国区域环境风险分析与管理理论体系的发展做出应有的贡献。鉴于区域环境风险的复杂性，理论与实践研究在不断深化中，加之作者水平所限，难免有疏漏或不足之处，敬请读者不吝指正。

杨小林

2020 年 3 月

于河南理工大学，河南焦作

目　　录

第1章　区域环境风险概述

1.1　区域环境风险的基本概念

1.1.1　风险、风险源与风险受体

1. 风险

"风险"在《现代汉语词典》（第七版）中的定义为"可能发生的危险"。在《辞海》中的定义是　"人们在建设和日常生活中遭遇能导致人体死亡、财产损失及其他经济损失的自然灾害、意外事故和其他不测事件的可能性"。风险也常被认为是危险性和易损性的结合：危险性表示在一定时期的特定地区，给定特性的潜在有害事件发生的可能性；易损性是指系统本身的脆弱程度（Varnes，1984）。但目前普遍认同的"风险"概念是：风险（risk，R）是事件发生的可能性或者概率（probability，P）和事件发生后所产生的结果或后果（consequence，C）的乘积，表达式（陆雍森，1999）为

$$R = P \times C \tag{1-1}$$

一般意义上，风险是发生或者出现人们不希望后果的"可能性"或者"概率"。这种不希望的后果一般称为危害事件或风险事件，如交通事故、环境污染、危化品事故、健康损害等。在一定的理论和技术基础上，风险是可预测的、可减缓的、可规避的。同时，风险存在不确定性，主要体现在风险何时、何地转化为风险事件，承受危害的对象，作用范围和危害程度等方面。

2. 风险源

在生态学中，风险源是指对生态环境产生不利影响的一种或多种化学的、物理的或生物的风险来源，如人类活动、外来物种等。一般认为风险源是导致风险发生的源头及相关的因果关系。风险源可以是人为的，也可以是自然的；可以是物质的，也可以是能量的。环境风险源是指可能对环境产生危害的源头（魏科技等，2010），是孕育的可能造成环境污染的风险物质或者具体地点（曾维华等，2013）；也是指可能引起环境污染事件发生、对环境或者生态系统或其组分产生不利影响的源头，其内涵不仅包括环境污染事件对周边敏感承受体所产生的危害性影响，还包括环境风险释放过程的不确定性。区域范围内的环境风险源主要包括

生产、使用、存储和运输危险物质的企业、仓储仓库、储罐、运输车辆，以及废水、废气、固体废物等污染物排放的源头。

环境风险源分类是开展环境风险相关研究的基础。目前，关于环境风险源的分类较多，如根据作用对象差异，可将其分为大气环境风险源、水体环境风险源、土壤环境风险源等；根据物质存在状态，可将其分为固态环境风险源、液态环境风险源和气态环境风险源。

3. 风险受体

风险受体是指风险的作用对象，即风险的承受者（宋永会等，2016）。环境风险受体一般指环境污染事件的潜在承受体，也就是环境风险作用的对象，它与自然灾害系统中的承灾体类似，是指环境风险因子通过环境风险场转运过程中，可能受到影响的人群、社会经济和生态环境系统等。因此，环境风险受体一般可分为人群系统、社会经济系统和生态环境系统；也可以根据环境风险源作用对象的差异，将环境风险受体分为大气环境风险受体、水体环境风险受体和土壤环境风险受体。其中，大气环境风险受体主要包括居住、医疗卫生、文化教育、科研、行政办公等主要功能区域内的人群，多按人口数量进行指标量化；水体环境风险受体主要包括饮用水水源保护区、自来水取水口、自然保护区、重要湿地、特殊生态系统、水产养殖区、鱼虾产卵场、天然渔场等区域，可按其脆弱性和暴露性进行级别划分；土壤环境风险受体主要为企业周边的基本农田保护区、居住商用地等。

1.1.2　环境风险与区域环境风险

1. 环境风险

根据风险的定义，环境风险可理解为环境受到危害的不确定程度以及环境污染事件发生后给环境带来的影响。目前，环境风险较为通用的定义为"由自然原因或人类活动引起的，通过环境介质传播的，能对人类社会及自然环境产生破坏、损害甚至毁灭性作用等不确定性或突发性事件发生的概率及其后果"（毕军等，2006；赵晓莉等，2003）。胡二邦（2009）认为环境风险应定义为"突发性事故对环境（或健康）的危害程度"。

环境风险广泛存在于人类社会的生产和其他活动中，表现形式复杂多样，从不同角度有不同分类。例如，按照风险源类型分类，可将环境风险分为化学风险、物理风险和自然灾害引发的风险；按照作用对象分类，可以分为生态风险、人类健康风险、设施风险等；按照作用因素分类，可以分为人为环境风险和自然环境风险等。

2. 区域环境风险

随着区域一体化的推进，区域经济发展带来的环境问题不断增多，环境风险的区域性特征日益突出（戚玉，2015）。因此，区域环境风险成为社会整体风险结构的重要组成部分，一般指区域开发活动中，在自然-社会-经济复合系统中由人为活动或自然原因引发的人为活动过程中使用的技术设施故障，在区域空间尺度上可能导致对人体健康、自然环境质量产生危害的突发性不确定性事件（林海转等，2017；毕军等，2006）。区域环境风险是环境风险的重要分支，既具有环境风险的一般特性，也具有其区域独特性。首先，这种区域性体现在风险尺度是宏观的，不同于设备设施环境风险、生产工艺环境风险、单一事件的环境风险等微观尺度环境风险。其次，区域性体现了环境风险的异质性和同质性。异质性反映了环境风险在不同区域之间、同一区域内部及同一区域的不同时间段之间的差异；同质性是指不同区域之间环境风险类型的相对一致性。从一定意义上而言，区域环境风险的异质性是绝对的，同质性是相对的（戚玉，2015）。

区域环境风险是一种宏观尺度的地理区域环境影响特征，有别于单一事件、企业设备设施等微观尺度的环境风险，其特征表现在区域多样风险源释放带来的多重危险，风险传播途径与风险受体的多样化及其相互作用的复杂性上，重点关注产业结构、功能布局与产业定位不合理等引起的宏观尺度结构型环境风险和布局型环境风险。因此，本书将区域环境风险分为突发性环境风险和累积性环境风险。其中，突发性环境风险是指区域尺度由于自然因素、社会因素或者其他不确定性因素引发的突发性环境风险事件发生的可能性及其造成的后果，如有毒、有害危险物质突发性排放、泄漏或释放造成的大气环境污染事故、水环境污染事故、土壤环境污染事故等方面的风险；累积性环境风险是指大气污染物、水体污染物和土壤污染物等稳定源连续或者不连续排放并在环境中不断累积，进而造成环境污染事件发生的可能性及其造成的后果，如水体氮、磷等养分超标引起水体富营养化的风险、大气污染物长期排放引起的雾霾天气的风险等属于典型累积性环境风险。

1.1.3　环境风险评价与区域环境风险评价

风险评价是对不良结果或者不期望事件发生概率进行描述及定量的系统过程，或者说，风险评价是对某一特定时期内安全、健康、生态等方面受到负面影响的可能性评价（宁平等，2014）。风险评价也可以被定义为估计一个特别事件发生在一个特定环境下的可能性的过程（刘杨华等，2011；Finizio et al.，2002）。一般而言，环境风险评价是指对自然灾害和人类的各种社会活动所引发的危害，对人体健康、社会经济、生态系统等造成的可能损失进行评价，并据此进行管理和决策的过程（陆雍森，1999），或者说是预测环境风险事件的发生概率及事件后果严重性及采取相应防范措施的过程（宁平等，2014）。

传统的环境风险评价多是面向事故现场，探究事故对当地环境和人群可能造成的潜在危害。环境污染事件影响巨大，往往造成跨区域性的破坏和影响，于是区域环境风险评价应运而生。区域环境风险评价是一种估计和比较环境影响在大尺度地理区域特征的方法（邢永健等，2016；Hunsaker et al.，1990），从区域尺度上描述和评价环境污染、人为活动或自然灾害对区域内的生态系统结构和功能等产生不利影响的可能性和危害程度，通过对区域内多个环境风险因素综合评价，得到区域环境风险的综合指数（或风险度），编制区域风险分布图（唐征等，2012），重点关注功能布局、产业定位、项目选址等可能引发的大尺度环境风险，并基于既定的区域环境安全目标确定可承受的风险程度及损害水平，为区域开发环境风险综合管理和规划决策提供科学依据（谢元博等，2013），其特征表现为多源释放产生的多重压力、风险传播途径及风险受体的多样性及其相互作用的复杂性。

1.2　区域环境风险研究的背景和意义

1.2.1　区域环境风险研究的背景

我国正处于向以工业化、城市化为标志的现代社会加速转型的关键时期，在这一社会变迁过程中，经济持续高速增长，工业化和城市化水平大幅提升，但资源环境状况日趋恶化。快速的工业化进程中，高消耗、高污染、高风险的发展模式使西方发达国家近百年工业化进程中出现的环境污染问题在我国短短 20 年间压缩式、复合式出现（谢元博等，2013）。一方面，突发性环境污染事故频发，1995～2015 年我国各类环境污染事故共发生 12 237 起，年均超过 610 余起；另一方面，累积性环境风险不断加剧，水体富营养化、雾霾天气、土壤污染已成为我国当前较棘手的环境问题。突发性环境风险或累积性环境风险一旦爆发，会导致环境纠纷和环境利益冲突等新的社会矛盾产生。近年来，全国各地因环境污染导致的群体性事件数量正在以年均约 30%的速度递增，环境污染问题已成为当今社会矛盾和社会冲突新的诱发因素，以及导致社会不稳定的新的社会风险源（朱华桂，2012）。因此，日益加剧的环境风险，不仅严重威胁和制约着我国的环境与社会安全，影响我国经济的可持续发展，还昭示着我国在快速推进现代化的同时，已跨入环境“高风险”时代。

如何应对日益严峻的环境风险形势，已成为我国当下亟待关注和解决的重大社会问题。党的十八大报告中提出“坚持预防为主、综合治理，以解决损害群众健康突出环境问题为重点，强化水、大气、土壤等污染防治”。十九大报告也提出要"着力解决突出环境问题",要"坚持全民共治、源头防治,持续实施大气污染防治行动,打赢蓝天保卫战。加快水污染防治,实施流域环境和近岸海域综合治理。强化土壤污染管控和修复,加强农业面源污染防治,开展农村人居环境整治行动。加强固体废物和垃圾处置"。从已发生的各类环境污染事件(如2013年青岛石油管道破裂事故、2017年天津港爆炸事件)中可知,环境污染事件发生并造成严重后果,除企业忽视安全生产、违章操作等内部原因外,更与区域发展缺乏科学合理规划密切相关。例如,大多数城市和区域工业开发区中,缺乏合理规划,导致产业布局混乱、结构不合理;缺少对区域性环境风险的科学评估,和适宜的防范及应急措施,当事故发生后,产生的危害被不断放大(王志霞,2007)。受我国经济发展模式的限制,短期内彻底改变工业化进程中因产业结构、布局不合理等引起的结构型、布局型环境风险难度较大(曾维华等,2013)。因此,今后不仅要强调单一事件、单一项目等微观尺度的环境风险分析与管理,更应从区域尺度出发开展区域环境风险分析,揭示区域环境风险的空间差异及其影响因素,实现区域环境风险的科学管理,从而保障区域社会-经济-环境的可持续发展。

1.2.2 区域环境风险研究的意义

1. 理论意义

目前,环境风险研究主要集中在单一风险事件、工程项目、设备工艺等微观尺度的环境风险评价与管理。区域环境风险分析研究仍然处于基础研究阶段,区域环境风险分析的理论和方法方面仍存在诸多不足。例如,学界已普遍认为环境风险事件的发生不能简单地看作由一种或多种危险性因素造成的后果,而应将其看成由产生与控制风险的所有因素构成的复杂系统过程,但不同的学者对环境风险系统及其构成要素却存在较大分歧。毕军等(2006)认为环境风险系统应由环境风险源、风险受体、控制机制等要素组成,而曾维华等(2013)提出环境风险系统应包括环境风险源、控制机制、风险场、风险受体等要素。对区域环境风险系统认识分歧也导致区域环境风险评估指标体系和评价模型的构建存在巨大差异,难以形成统一、科学、合理的区域环境风险研究标准。

区域环境风险产生因素复杂,系统要素多样,且各要素有其特殊的结构、功能和运行规律,又容易相互作用、相互影响,通过风险叠加产生协同、加和、拮抗、独立等效应。因此,进一步加强区域环境风险研究可以丰富区域环境风险系统理论体系,更加深入全面认识区域环境风险系统构成要素,以及多个要素之间的协同、叠加和拮抗等效应,弥补区域环境风险系统理论研究的不足。

2. 实际应用价值

随着我国工业化程度、规模的加深和扩大,行业关联性不断提高,区域尺度上的产业发展已成为我国新的经济增长点,如长江流域开发、西部大开发、东北工业基地振兴以及中原经济区建设等。近年来,我国区域发展迅速,然而由于技术、认识、资源等方面的原因,区域发展过程中产业定位、空间布局、区域与周边地区相互间关系不尽合理,产业布局型环境风险、结构型环境风险、长期累积性环境风险不断加深(王芳,2012),区域可持续发展和生态安全受到严重威胁。

区域发展过程中,地方要发展经济,"招商引资快上、大上项目"是重要策略,若产业部门对项目选址安全考虑不足,致使邻避项目不断上马,工厂和居民区混杂,结果只能是一损俱损。我国现有的经济发展模式和阶段决定了短时间内彻底规避产业布局不合理、产业结构失衡等引起的各种环境风险存在较大难度。因此,如何与工业风险并存,分析、评价区域发展(特别是区域工业发展)对区域生态文明建设的影响,识别潜在环境风险,提出适合区域经济发展要求的区域环境风险控制措施不可缺少。

根据国务院批复的《中原经济区规划(2012—2020年)》,中原经济区范围包括河南全省及山西、山东、安徽、河北局部地区,涵盖5个省30个地级市及3个市辖区、县,总面积约29万km^2。中原经济区建设将成为河南省经济快速发展的重大机遇,同时在物质流、能量流不断聚集的过程中,区域经济发展带来的环境风险将更加严峻,也将直接限制河南省区域社会-经济-环境的可持续发展。

本书以中原经济区的主体河南省18个市级行政单元为研究对象,开展区域环境风险分析和管理研究,通过揭示河南省18个市级行政单元的环境风险时空变化特征及发生机理,结合区域经济发展的实际需求,提出针对性的风险管理措施,以期为河南省社会-经济-环境的可持续发展提供依据。

1.3　区域环境风险研究的主要目的和任务

环境风险研究主要是评价和预测人类活动引起的生态环境危害事件发生的概率,以及在不同概率下事件造成后果的严重性,并决定采取适宜的控制对策(白志鹏等,2009)。区域环境风险评价是对区域内多个环境风险因素的综合评价,重点关注功能布局、产业定位、项目选址等可能引发的大尺度环境风险,并基于既定的区域环境安全目标确定可承受的风险程度及损害水平,为区域开发过程中产业布局、产业结构调整、区域环境风险综合管理和防灾减灾规划决策提供科学依据。最终目的是确定区域经济发展带来的区域环境风险的时空动态变化特征,以及确定区域环境风险水平的社会和公众可接受水平,并如何将无法接受的环境风险降低到社会和公众可接受的最低限度水平，实现社会-经济-环境的可持续发展。

区域环境风险研究的主要任务是揭示区域环境风险系统内外部因素的作用机制和变化特征，定性或者定量描述区域环境风险系统的变化，运用科学的规划手段对区域环境风险系统进行优化配置、污染防控，促进社会-经济-环境的协调发展。

1.4　区域环境风险研究的主要内容

在进行环境风险研究时，需要运用定性和定量方法从定性和定量两个方面去厘清环境风险的属性，决定了环境风险研究具有如下核心内容。

1. 区域环境风险源的识别

开展风险源的识别是进行风险评估和风险管理的重要基础和前提（Chen et al.，2013）。通过区域环境风险源的识别，弄清区域环境风险源数量、规模、类型及存在状态，进而为区域环境风险源的监控和管理提供依据。

2. 风险因素转化为风险事件的概率分布

在区域环境风险的演进过程中，并不是所有的风险因素都会发展成为导致损失的风险事件。通过判断风险事件发生的概率，可以对风险因素的影响程度和严重性做出判断，制定环境风险的应对决策。一般可采用专家调查法、安全检查表法、风险分解法、情景分析法、故障树分析法、事件树分析法等对风险因素最终转化为风险事件的概率分布进行评估。

3. 风险事件可能造成的损失程度

在开展区域环境风险评估时，不仅要了解风险因素转化为风险事件的概率、评估风险事件发生的可能性，还要对风险事件可能造成的损失程度进行估计，并根据风险事件的损失期望值来制定风险应对策略。依据风险受体的数量、规模和价值、风险波及的范围和风险危害可能的存续期限对风险事件可能造成的损失程度进行评估。

4. 风险因素之间以及风险事件之间的内在关联

诱致区域环境风险事件的风险因素存在形态并非是孤立的，常常是有形因素与无形因素并存、显性因素与隐性因素共处，即使是上述各种有形或无形、显性或隐性的风险因素内部，也存在多种关联形态。因此，在开展区域环境风险因素分析时，一般要注重挖掘各种风险因素之间的内在联系。此外，对于具体风险事件而言，两个表面上完全没有或仅有微弱相关性的风险事件，也应在区域环境风险评估中进行深度比较和分析，力求找到其潜在关系。例如，突发性环境风险事件与累积性环境风险事件之间，表面上不存在相关性，但其本质都是源自于区域经济发展带来的产业结构风险和产业布局风险。

5. 区域未来环境风险发展态势

随着经济的发展，能量流、物质流将不断集聚，区域环境风险的影响因素也随着时间的变化而呈动态变化的特征。区域环境风险分析需要对区域环境风险的现状、发展趋势有总体把握，不仅为当前的区域环境风险管理提供依据，还是未来区域经济发展规划和防灾减灾规划的依据。例如，美国政府开展城市环境风险评估，不仅关注现阶段的环境风险，还注重对未来 3 年、5 年、10 年甚至更长时间的城市环境风险因素和环境风险事件开展宏观预测，从而为政府未来的环境风险管理提供参考和借鉴（王枫云，2013）。

6. 区域环境风险管理策略

在区域环境风险评估的基础上，按照相关法律条规，选择有效的控制技术，进行消减风险的费用和效益分析，确定可接受的综合指数和损害水平，考虑区域经济发展的实际状况，制定适当的风险管理措施并付诸实施，以降低或消除风险。值得注意的是，区域经济条件和自然特点差异较大，区域经济的发展需求也不同，所以在区域环境风险管理措施的选择过程中需要着重考虑区域社会-经济-环境的实际状况，力求保障社会-经济-环境的可持续协调发展。

1.5　我国区域环境风险总体形势

1.5.1　我国突发性环境污染事故发生形势

2006 年 1 月，国务院颁布实施《国家突发公共事件总体应急预案》，按照突发事件的严重程度和紧急程度，将突发环境事件划分为四类等级，分别为特别重大（Ⅰ级）、重大（Ⅱ级）、较大（Ⅲ级）和一般环境污染事件（Ⅳ级），划分的主要依据包括环境污染事件造成的死伤人数，疏散转移群众人数，经济损失，对生态功能的影响程度，对水体或者饮用水源地的污染程度，对经济、社会活动的影响程度等。2011 年之前的《中国统计年鉴》和各省市《统计年鉴》一般根据事件影响对象将其划分为水污染事故、大气污染事故、固体废物污染事故、噪声与振动危害和其他共五种类型。2011 年以后的《中国统计年鉴》和各省市《统计年鉴》的突发性环境污染事故分类方法与《国家突发公共事件总体应急预案》的分类方法一致。本章将根据 2006～2018 年《中国统计年鉴》中突发性环境污染事故相关数据（2008 年《中国统计年鉴》相关数据缺失），对我国突发性环境污染事故的发生形势进行统计分析。

1. 我国突发性环境污染事故发生频数的时间变化特征

图 1-1 所示为 2005～2017 年我国突发性环境污染事故的时间变化特征。12年间我国环境污染事故的发生频数为 302～1 406 起，共计发生 6 763 起，年均发生 563.6 起。其中，2005 年我国环境污染事故发生频数最高，为 1 406 起；2017年事故发生频数最低，为 302 起。结果表明，2005～2017 年我国环境污染事故发生频数总体呈先下降、后上升、再下降的态势，这说明我国突发性环境污染事故风险已得到一定程度的控制。

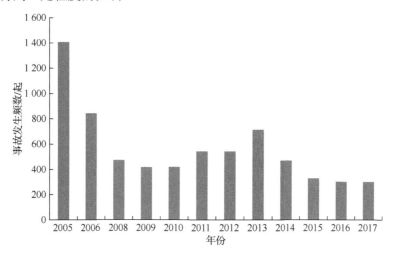

图 1-1　2005～2017 年我国突发性环境污染事故的时间变化特征（缺失 2007 年数据）

结果显示，2005～2009 年，我国突发性环境污染事故发生频数呈不断下降趋势，尤其是 2006 年较 2005 年环境污染事故下降幅度大，为 40.11%；2008 年较2006 年下降了 43.71%；2009 年相对于 2008 年下降了 11.81%。2005 年松花江水污染事件造成了严重的后果和社会影响，之后我国开展了一系列的环境风险隐患排查工作，加强了对环境事故风险的管理，这对 2005 年后我国突发性环境污染事故发生频数的下降起到了重要作用。2010～2013 年为环境污染事故发生频数的上升期,2013 年较 2010 年突发性环境污染事故发生频数增加了 69.52%。2014～2017年,我国突发性环境污染事故发生频数再次呈现下降趋势。总体来看,2005～2017年我国突发性环境污染事故发生频数呈波动下降的趋势,说明我国突发性环境污染事故风险已得到一定程度的控制,但发生频数的波动性说明我国突发性环境污染事故风险形势依然严峻。

图 1-2 所示为 2005～2010 年我国突发性环境污染事故的分类统计图。根据2006～2011 年《中国统计年鉴》中对突发性环境污染事故的分类,将其划分为水污染事故、大气污染事故、固体废物污染事故、噪声与振动危害及其他。其中,2005～2010 年我国水污染事故和大气污染事故发生起数较高,分别为 1 624 起和1 198 起,占比分别为 45.62%和 33.65%;固体废物污染事故、噪声与振动危害及其他污染事故发生次数较少,分别为 228 起、70 起和 440 起,占比分别为 6.40%、1.97%和 12.36%。

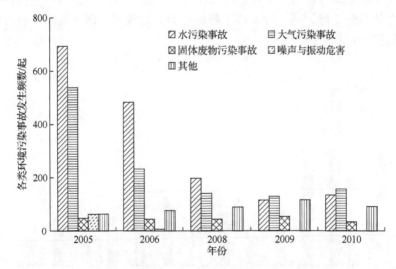

图 1-2　2005～2010 年我国突发性环境污染事故分类统计图(缺失 2007 年数据)

图 1-3 所示为 2011～2017 年我国突发性环境污染事故分级特征。2011～2017年我国突发性环境污染事故中,一般污染事故发生次数最多,共发生 3 063 起,占比为 95.51%,年均约 438 起;重大污染事故发生频数最少,为 24 起,占比为0.75%,年均约 3 起;较大污染事故 59 起,占比为 1.84%,年均约 4 起。虽然我国重大环境污染事故发生频数总体较低,但一旦发生将造成十分严重的后果和影响。

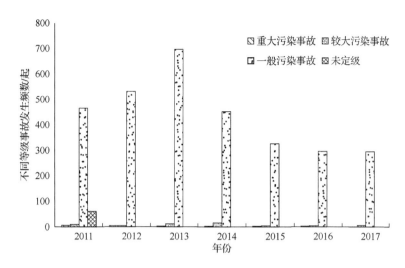

图 1-3　2011～2017 年我国突发性环境污染事故分级特征

2. 我国突发性环境污染事故发生频数的空间分布特征

表 1-1 所示为 2005～2017 年我国（不包括台湾地区，以下同）突发性环境污染事故发生频数的空间分布特征。结果表明，我国突发性环境污染事故的高发区主要集中在长江三角洲地区（上海、江苏、浙江）及湖南、广西、陕西等省区。其中，上海的突发性环境污染事故发生频数最高，2005～2017 年共计发生 1 171 起，年均 97.6 起，占全国突发性环境污染事故总数的 17.31%；江苏、浙江、湖南、广西、陕西 5 省区的发生频数为 410～463 起，占全国突发性环境污染事故总数的 32.22%；天津、吉林、黑龙江、青海、宁夏的突发性环境污染事故发生频数较低，2005～2017 年分别发生了 11 起、26 起、20 起、30 起和 39 起，分别占全国突发性环境污染事故总数的 0.16%、0.38%、0.30%、0.44% 和 0.58%。

表 1-1　2005～2017 年我国突发性环境污染事故发生频数的空间分布特征

省区市	事故发生总数/起	年均事故发生频数	省区市	事故发生总数/起	年均事故发生频数
北京	222	18.5	河北	79	6.6
天津	11	0.9	山西	89	7.4
内蒙古	54	4.5	广东	245	20.4
辽宁	141	11.8	广西	456	38.0
吉林	26	2.2	海南	44	3.7
黑龙江	20	1.7	重庆	197	16.4

续表

省区市	事故发生 总数/起	年均事故 发生频数	省区市	事故发生 总数/起	年均事故 发生频数
上海	1171	97.6	四川	360	30.0
江苏	420	35.0	贵州	125	10.4
浙江	431	35.9	云南	283	23.6
安徽	179	14.9	西藏	0	0.0
福建	128	10.7	陕西	463	38.6
江西	149	12.4	甘肃	361	30.1
山东	134	11.2	青海	30	2.5
河南	142	11.8	宁夏	39	3.3
湖北	278	23.2	新疆	76	6.3
湖南	410	34.2			

由此可知，我国突发性环境污染事故的高发区主要集中在东部、中部等经济发达地区，我国西部与东北部地区突发性环境污染事故发生频数较低，表明经济发展与突发性环境污染事故的发生存在密切联系。同时，我国突发性环境污染事故高发区也是我国经济较发达、人口较密集的区域，环境风险受体暴露性强，一旦发生环境污染事故将会造成严重后果。

1.5.2 我国累积性环境污染物排放形势

本节从 2006~2018 年的《中国统计年鉴》获取我国各省（市）的废水排放量（工业废水排放量与生活废水排放量之和）、固体废物排放量数据，从 2011~2018 年《中国统计年鉴》获取我国各省（市）废气排放量（二氧化硫排放量、氮氧化合物、烟粉尘排放量之和）数据，开展我国累积性环境污染物排放量时空变化特征分析。

1. 我国累积性环境污染物排放量时间变化特点

（1）我国废水排放量的时间变化特征。图 1-4 所示为 2005~2017 年我国废水排放量的时间变化特征。结果表明，2005~2017 年我国废水排放量总体呈先增长、后下降的势态。2005~2015 年我国废水排放量不断增加，从 2005 年的 524.5 亿 t 增长到 2015 年的 735.32 亿 t，年均增长 3.65%。2016 年、2017 年我国废水排放量分别为 711.10 亿、699.66 亿 t，较 2015 年分别下降了 3.30%、4.85%。

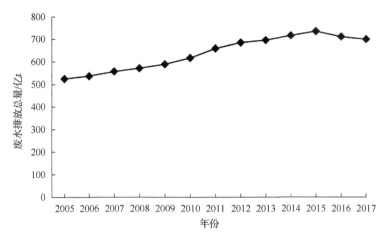

图 1-4　2005～2017 年我国废水排放量的时间变化特征

（2）我国废气排放量的时间变化特征。图 1-5 所示为 2011～2017 年我国废气排放量的时间变化特征。结果显示，2011～2017 年我国废气排放量呈现不断下降的趋势，其变化范围为 2 930.53 万～5 901.0 万 t，年均下降幅度为 7.19%。由此可知，近年来我国废气排放的控制取得了一定的效果。图 1-6 所示为 2011～2017 年我国废气中主要污染物二氧化硫、氮氧化物和烟粉尘排放量的时间变化特征。总体上，二氧化硫、氮氧化物呈逐步下降的趋势，其中，2011～2017 年我国二氧化硫排放量为 875.42 万～2 217.91 万 t，年均下降 8.65%；氮氧化物排放量为 1 258.84 万～2 404.27 万 t，年均下降 6.81%。2011～2017 年我国烟粉尘排放量呈先增长、后下降的趋势，其中，2014 年烟粉尘排放量最高，达 1 740.75 万 t，2017年烟粉尘排放量最低，为 796.27 万 t。

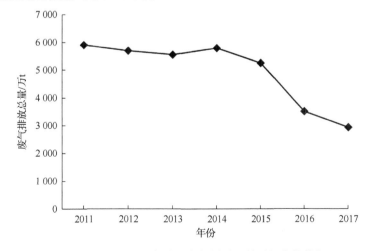

图 1-5　2011～2017 年我国废气排放量的时间变化特征

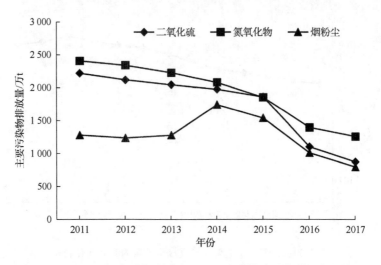

图 1-6　2011～2017 年我国废气中主要污染物排放量的时间变化特征

（3）我国固体废物排放量的时间变化特征。图 1-7 所示为 2005～2017 年我国固体废物排放量的时间变化特征。结果显示，2005～2017 年我国固体废物排放量总体呈现不断升高的趋势，其变化范围为 13.44 亿～33.16 亿 t。其中，2005 年固体废物排放量为 13.44 亿 t，2017 年固体废物排放量最高，达 33.16 亿 t。

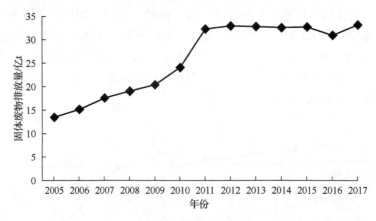

图 1-7　2005～2017 年我国固体废物排放量的时间变化特征

2. 我国累积性环境污染物量排放空间分布特征

（1）我国废水排放量的空间分布特征。表 1-2 所示为 2005～2017 年我国废水排放量的空间分布特征。其中，广东、山东、浙江、江苏和河南是我国废水排放量较高的区域，2005～2017 年排放量分别为 1 019.90 亿 t、559.81 亿 t、507.13 亿 t、732.77 亿 t 和 470.14 亿 t，年均废水排放量分别为 78.45 亿 t、43.06 亿 t、39.01 亿 t、

56.37 亿 t 和 36.16 亿 t，分别占全国废水排放量的 12.29%、6.74%、6.11%、8.83% 和 5.67%；西藏、宁夏、青海废水排放量较少，2005～2017 年排放量分别为 6.08 亿 t、47.57 亿 t 和 28.98 亿 t，年均废水排放量分别为 0.47 亿 t、3.66 亿 t、2.23 亿 t。总体上，我国废水排放量空间分布与经济发展状况的空间分布较为一致，呈现出中东部地区大于中西部地区的特点。这主要是由于中东部地区经济较发达，工业发达程度高，对外交流积极，吸引外资企业大力发展重工业，废水排放量活跃度高。

表 1-2　2005～2017 年我国废水排放量的空间分布特征　　（单位：亿 t）

省区市	废水排放量	年均废水排放量	省区市	废水排放量	年均废水排放量
北京	173.67	13.36	湖北	355.89	27.38
天津	96.41	7.42	湖南	364.42	28.03
河北	345.40	26.57	广东	1 019.90	78.45
山西	158.67	12.21	广西	333.79	25.68
内蒙古	115.57	8.89	海南	49.18	3.78
辽宁	299.46	23.04	重庆	195.51	15.04
吉林	144.59	11.12	四川	380.74	29.29
黑龙江	171.98	13.23	贵州	104.69	8.05
上海	288.70	22.21	云南	165.81	12.75
江苏	732.77	56.37	西藏	6.08	0.47
浙江	507.13	39.01	陕西	164.02	12.62
安徽	282.27	21.71	甘肃	73.27	5.64
福建	320.04	24.62	青海	28.98	2.23
江西	229.05	17.62	宁夏	47.57	3.66
山东	559.81	43.06	新疆	110.88	8.53
河南	470.14	36.16			

现有研究表明，从全国范围看，经济发展规模和技术进步水平是废水排放量变化的主导驱动因素。其中，经济发展规模是促使废水排放量增加的主要驱动因素，而技术进步水平是抑制废水排放量增加的主导驱动因素。资源利用水平整体上对废水排放量增加产生促进作用，人口规模的不断增加对废水排放量增加也有较大的促进作用。随着工业污水排放量的控制和管理，近年来生活污水排放量占废水排放总量的比重越来越高（齐漫等，2016）。因此，未来废水减排工作应从区域废水排放的主导因素出发，并将生活污水排放的控制和治理作为废水减排工作的重要内容。随着 2015 年国务院《水污染防治行动计划》的颁布实施，未来针对废水防治须突出重点污染物、重点行业和重点区域的减排控制，进一步结合我国主体功能区划制定针对不同区域的环境政策及具体减排目标。

（2）我国废气排放量的空间分布特征。表 1-3 所示为 2011～2017 年我国废气及其主要污染物排放量的空间分布特征。其中，河北、山东、山西和内蒙古废气排放量最高，年均排放量分别为 389.9 万 t、381.2 万 t、310.4 万 t 和 300.9 万 t；西部地区的西藏、青海的废气排放量较低，年均排放量分别为 6.1 万 t 和 43.0 万 t。结果表明我国废气排放量总体呈现北部区域较高、西部、东南部区域较低的特点，这与韩楠等（2016）的研究结果一致。

表 1-3　2011～2017 年我国废气及其主要污染物年均排放量的空间分布特征　（单位：万 t）

省区市	年均二氧化硫	年均氮氧化物	年均烟粉尘	年均排放量	省区市	年均二氧化硫	年均氮氧化物	年均烟粉尘	年均排放量
北京	6.9	15.2	5.1	27.2	湖北	50.4	54.1	35.3	139.8
天津	17.1	26.0	9.0	52.1	湖南	53.6	52.8	35.8	142.2
河北	110.4	146.6	132.9	389.9	广东	63.5	109.8	33.5	206.9
山西	107.8	98.3	104.3	310.4	广西	39.5	42.3	30.1	111.9
内蒙古	112.4	110.9	77.6	300.9	海南	2.8	8.7	1.9	13.4
辽宁	86.8	85.8	77.4	249.9	重庆	46.6	32.1	16.7	95.4
吉林	32.7	47.8	33.6	114.1	四川	71.1	56.8	33.1	161.0
黑龙江	44.1	66.3	62.4	172.7	贵州	89.2	47.5	28.1	164.7
上海	16.2	31.6	9.2	57.0	云南	59.4	46.9	33.0	139.3
江苏	81.5	121.3	53.6	256.4	西藏	0.4	4.5	1.1	6.1
浙江	49.3	64.7	27.8	141.8	陕西	66.9	63.6	47.1	177.6
安徽	43.4	75.3	44.8	163.5	甘肃	49.1	38.2	23.8	111.1
福建	30.6	39.0	26.5	96.0	青海	14.0	11.4	17.6	43.0
江西	46.6	51.0	38.1	135.7	宁夏	34.1	35.5	21.4	91.0
山东	145.9	151.2	84.1	381.2	新疆	70.3	72.1	62.2	204.6
河南	99.2	128.7	61.3	289.2					

表 1-3 也显示了我国二氧化硫、氮氧化物和烟粉尘排放量的空间分布特征，均呈现东北地区、华北地区较高，西部地区相对较低的特点。前人（王燕等，2017；韩楠等，2016）研究结果表明，技术进步和我国目前废气排放的控制政策对废气排放起到了很好的抑制作用，在一定程度上削减了废气的排放，但是人口规模、经济规模的增长和现有产业结构仍然是废气排放的主要贡献因素。鉴于我国废气排放量的空间分布特征及其造成的环境污染问题的区域性，各地方政府应根据实际情况实施差异化的废气减排政策。同时，各地区应促进产业结构升级，将新型工业化和城镇化与生态文明建设有机结合，实现环境污染的协同治理。

（3）我国工业固体废物排放量的空间分布特征。表 1-4 所示为 2005～2017 年我国工业固体废物排放量的空间分布特征。结果显示，我国工业固体废物排放量的空间分布特征与废气排放量的空间分布特征类似，总体呈现北部较高、西部和东南部较低的特点。其中，河北、山西、辽宁、内蒙古和山东等省区工业固体废物排放量最高，年均排放量分别为 3.08 亿 t、2.29 亿 t、2.17 亿 t、1.82 亿 t 和 1.67 亿 t；西藏、海南、北京、天津、上海、宁夏和重庆等省区市的工业固体废物排放量较低，年均排放量分别为 0.02 亿 t、0.03 亿 t、0.11 亿 t、0.15 亿 t、0.21 亿 t、0.25 亿 t 和 0.25 亿 t。由此可知，我国目前工业固体废物排放量的空间分布特征十分明显。

表 1-4　2005～2017 年我国工业固体废物排放量的空间分布特征　（单位：亿 t）

省区市	工业固体废物排放量	省区市	工业固体废物排放量
北京	0.11	湖北	0.66
天津	0.15	湖南	0.58
河北	3.08	广东	0.51
山西	2.29	广西	0.62
内蒙古	1.82	海南	0.03
辽宁	2.17	重庆	0.25
吉林	0.42	四川	1.11
黑龙江	0.56	贵州	0.72
上海	0.21	云南	1.14
江苏	0.94	西藏	0.02
浙江	0.40	陕西	0.71
安徽	0.97	甘肃	0.46
福建	0.56	青海	0.76
江西	0.99	宁夏	0.25
山东	1.67	新疆	0.54
河南	1.23		

1.6　区域环境风险研究进展

1.6.1　环境风险评价研究进展

环境风险评价形成是环境保护工作的迫切需要，也是环境科学发展的必然结果，标志着环境保护由过往的"先污染、后治理"向"污染前的预测和实施有效管理控制"的战略转变（宁平等，2014）。自 20 世纪 60 年代起，随着世界经济的快速发展，各种环境污染事件频繁发生并造成严重破坏和影响，如 1984 年的印度博帕尔毒气泄漏事故、1986 年的苏联切尔诺贝利核泄漏事故和 2015 年天津滨海新区爆炸事故等均造成了严重的人员伤亡、财产损失和恶劣的社会影响。随着社会的发展，人们对各种环境风险也越来越关注，环境保护工作的重点逐步向污染前的各种环境风险管理转变，环境风险评价应运而生。

环境风险评价兴起于 20 世纪 70 年代的发达工业国家，主要是美国。在几十年的发展过程中，对于环境风险评价技术而言，环境风险评价大致经历了以下 3 个发展阶段。

第一阶段：20 世纪 30～60 年代，萌芽阶段。主要采用毒物鉴定方法进行健康影响分析，以定性研究为主。例如，关于致癌物的假定只能定性说明暴露于一定条件下的致癌物会造成一定的健康风险，直到 20 世纪 60 年代，毒理学家才开发了一些定量的方法进行低浓度暴露条件下的健康风险评估。

第二阶段：20 世纪 70～80 年代，评估体系基本形成阶段。最具代表性的评估体系是美国核管会 1975 年完成的《核电厂概率风险评估实施指南》，即著名的 WASH-1400 报告，而具有里程碑意义的文件是 1983 年美国国家科学院出版的红皮书《美国联邦政府的风险评估：管理程序》，提出风险评估"四步法"，即危害鉴别、剂量—效应关系评估、暴露评估和风险表征，成为环境风险评估的指导性文件，并被荷兰、法国、日本、中国等许多国家和国际组织采用。随后，美国国家环境保护局根据红皮书制定并颁布了一系列技术性文件、准则和指南，包括 1986 年发布的《致癌风险评估指南》《致畸风险评估指南》《化学混合物的健康风险评价指南》《发育毒物的健康风险评价指南》《美国环境保护署暴露评估指南》，1988 年颁布的《内吸毒物的健康评估指南》和《男女生殖性能风险评估指南》等。

第三阶段：20 世纪 90 年代至今，不断发展和完善阶段。该阶段生态风险评估逐渐成为新的研究热点。随着相关基础学科的发展，风险评估技术也不断完善。美国对 20 世纪 80 年代出台的一系列评估技术指南进行了修订和补充，同时又出台了一些新的指南和手册。例如，1992 年出版的《暴露指南》取代了 1986 年的版本。其他国家，如加拿大、英国、澳大利亚等也在 20 世纪 90 年代中期提出并开展了系列的生态风险评估。联合国经济和社会理事会全球化学品统一分类和标签制度专家委员会于 2002 年 12 月 13 日通过的《全球化学品统一分类和标签制度》系统地确定了化学品的分类标准和标志制度，该制度对化学品释放后的环境影响做了权威的评估，补充了以往相关公约、规则的不足，其中列出的评估项目和指标为化学品的环境风险评估提供了依据。

目前，国外环境风险评价主要集中于人体健康风险评价和生态风险评价两个方面。例如，国外从环境毒理学、生态毒理学、环境化学等微观层次上定量地评价和预测致癌化学物质、非致癌化学物质和放射性物质等引起的健康风险和生态风险较多。Gamo 等（2003）对日本 12 种主要环境污染物的环境风险进行了排序；

El-Ghnonemy 等（2005）通过概念模型评价了深层土壤放射性废弃物的环境风险；Nadal 等（2011）通过采集分析埃布罗河流域加泰罗尼亚地区的表层土壤、自来水及食物样品，开展了天然放射性核素造成的饮食暴露对人类健康的环境风险评估；Tan 等（2014）对医药产品在环境中的风险进行了评价。目前，环境风险评价的科学体系基本形成，但是研究热点已逐步从人体健康风险向生态风险评价转移，从单一污染物风险评价向多种污染物复合风险评价转移，而且研究者也越来越认识到单个环境风险因素难以真实反映区域环境风险因素的综合效应，研究方向逐步从单因素环境风险评价转向区域环境风险综合评价。

我国环境风险评价工作起步较晚，始于 20 世纪 80 年代后期。1989 年 3 月，国家环境保护总局设立了有毒化学品管理办公室，标志着我国将风险评估和风险管理正式提上日程。1990 年，国家环境保护总局颁布了《关于对重大环境污染事故隐患进行风险评价的通知》的 057 号文件，此后我国重大项目的环境影响评价报告中必须包含环境风险评价的内容。国内环境风险评估研究早先以介绍国外理论为主，很多学者也对于开展环境风险评价的必要性、研究目的、内容和方法等进行了探讨（王芳，2012；曲常胜等，2010；毕军等，2006）。1993 年，中国环境科学学会举办的环境风险评估学术研讨会，首次探讨了在我国开展风险评估的办法；钟政林等（1997）等进行了水环境健康风险的定量评价研究，并建立了水环境健康风险评价的基本模式；2004 年，国家环境保护总局颁布了《建设项目环境风险评价技术导则》（HJ/T 169—2004），对我国环境风险评估工作的目的、基本原则、程序、方法和内容做出了相关规定，为我国开展环境风险评价工作建立了基本的准则；2006 年，国家环境保护总局宣布对 127 个重点化工石化类项目进行环境风险排查，促使环境风险评估工作不断完善，风险管理水平不断提高；李伟东等（2008）等开展了环境风险评价与安全评价的相关性研究，指明两类评价各自具体的内容和重点，促进了环境风险评价研究的深入发展。

近些年来，国内基于单一风险事件、安全生产及工程项目的危险性评价研究较多。王庆改等（2008）实现了基于 MIKE 模型对突发性水污染事故中污染物运移扩散过程的模拟；吴锋波等（2010）对城市轨道交通工程环境风险进行研究，结合施工对环境风险影响程度的预测和评价，对工程环境风险进行综合性评估，判定风险发生的可能性，确定其工程环境风险等级，为控制指标和控制措施的制定提供了依据；马越等（2012）通过严格的数学公式推导，对特定污染事故危害后果实现定量评价，进而提出预防和应急措施。

1.6.2　区域环境风险评价研究进展

自 20 世纪 80 年代，若干重大工业污染事故（切尔诺贝利核泄漏事故、莱茵河污染事故、博帕尔毒气泄漏事故）不仅严重污染了局部环境，还引起了区域性甚至是国际性的环境纠纷。另外，随着具有不同风险的新技术、新能源的广泛使用、人口日益集中、综合工业体系日益完善，区域内即使个别环境风险因素的危险性较小，但由于各种环境危险因子并存并相互影响，从而大幅增加了诱发新的环境污染事件的可能性。如果仅将单个环境风险因素作为评价对象，显然无法真实反映区域环境风险因子的综合效应，人们也越发认识到区域环境风险综合评价和管理的重要性，单因素环境风险分析逐渐向区域环境风险综合分析转变（曾维华等，2013；毕军等，2006）。

最早关注区域性环境风险的是1975年美国核能管理委员会完成的WASH-1400报告。1987年，联合国环境规划署、联合国工业发展组织和国际原子能机构共同倡议在高度工业化区域进行总体环境风险评估，并成立了该领域的国际协作机构（曹希寿，1991）。20世纪90年代，国外学者开始致力于区域环境风险分析的理论和方法研究，并主要集中于区域公众健康和灾难性事故风险危害等方面。James（1990）探讨了区域环境风险系统研究的框架；Clark等（1993）将风险分析方法较好地运用在项目规划和选址过程中；Stein等（1996）探讨了地理信息系统（geographic information system，GIS）在环境风险评估中的应用，研究了印度尼西亚土壤污染风险分布，得到土壤风险分布等值线图，并结合GIS与决策模型提出了土地利用方案；Marielle（2000）运用环境和经济模型研究了区域层面养猪业的环境风险；Gheorghe等（2000）开展了能源和其他复杂工业系统的区域综合风险评估及安全管理研究，对区域环境风险的评估方法、技术导则、各种模型、决策支持系统和地理信息系统的发展做了总结；Jay等（2004）对小区规划与小区居民环境风险的关系进行研究，对比了规划社区和无规划社区两种不同类型社区居民室内环境风险；Dobbies等（2003）以密西西比河下游为研究对象，通过定位、监测和模拟等技术建立了区域环境风险数据库，开展了流域性水环境风险评价；Arunraj等（2009）以印第安东部工业区为例，通过构建风险评价模型对突发性环境污染事故风险后果进行分析，并提出了区域环境风险评价的概念框架。

当前，持久性污染物的区域环境风险成为新的研究热点。Yu等（2012）研究了美国加利福尼亚州农药使用造成的区域环境风险；Giubilato等（2014）提出了一种持久性化学污染物区域环境风险分级分类的方法。在管理实践中，美国国家环境保护局还建立了可用于区域生态风险分析的数据库。近年来，有研究将区域环境风险评价应用于污染土地管理中。例如，Zabeo等（2011）通过应用多目标决策分析和空间分析技术评价了区域环境风险受体的脆弱性；Chen等（2013）开发了特定受体风险分布地图对污染土地管理进行情景分析的方法。

我国学者曹希寿（1991）最早提出了区域环境风险评价和管理的概念，探讨了区域环境风险水平表征方法、风险源识别方法、评价模式及风险管理的基本原则。随后我国学者对区域环境风险评价内容、程序、风险表征和评价方法开展了系列探索。毕军（1993）提出要对自然-社会-经济复合系统进行环境风险评价；杨晓松等（2000）对综合指数评估法和模糊数学评估法进行了对比分析；王玉秀等（1999）提出了对主要风险因素评估结果进行综合的方法，对无量纲或同一量纲的数值进行综合，对危险累积或危险分布图进行拟合和叠图，从而得到区域环境风险综合指数，以表征区域环境风险大小；兰冬东等（2009）开展了区域环境污染事件风险分区技术方法研究，并将其应用于上海市闵行区，将其划分为高风险区、中风险区、较低风险区和低风险区四类。

近年来，学者对区域环境风险系统分析和区域环境风险评价指标体系的完善研究较多。毕军等（2006）认为区域环境风险系统由环境风险源、初级控制机制、次级控制机制和风险受体四部分组成，并提出区域环境风险评估应该从这四个方面构建评价指标体系；曾维华等（2013）认为环境风险事件是由风险产生、风险控制、风险传输及受体暴露等多个因素构成的系统，应从环境风险源、控制机制、环境风险场及风险受体等方面构建区域环境风险综合评价指标体系。然而，区域环境风险评估过程中控制机制的有效性和环境风险场的转运特征难以定量描述。为此，很多学者仍然主要从环境风险源危险性和受体脆弱性等方面构建评价指标体系，开展区域环境风险评估，以规避区域环境风险控制机制和环境风险场信息不足对评价结果的影响。曲常胜等（2010）通过人群密度、经济密度和保护区密度等指标，分别表征人群、经济系统、生态环境的脆弱性，开展区域环境风险受体脆弱性综合评估；谢元博等（2013）利用信息扩散法从环境风险源危险性的角度对区域环境风险水平开展评估，并提出了区域产业布局优化措施。

由于区域环境风险水平受到环境风险源规模和数量、风险受体规模和价值、控制措施有效性等多因素影响，单独的环境风险源危险性和风险受体脆弱性评估存在片面性，难以真实反映区域环境风险水平。近些年，从区域环境风险系统多要素的角度开展综合研究逐渐兴起。周振瑶等（2012）利用高程、企业分布、危险物质储存量等数据，得到企业内在风险，叠加城市饮用水、农业用水和工业用水的区域易损性后得到了区域的环境风险；杨小林等（2015）从突发性环境风险和累积性环境风险等方面构建了区域环境风险源危险性评价指标体系，从人群系统、社会-经济系统和生态-环境系统等维度构建了区域环境风险受体脆弱性评价指标体系，并在此基础上评估了长江流域各省市的区域环境风险水平，为流域环境风险管理提供了依据。

1.6.3　区域环境风险管理研究进展

风险是客观存在的，除了来自于自然界的风险，随着科学技术的进步、社会化生产程度的提高，许多新的风险形式也孕育而生。这些风险对社会经济活动和个人生活均产生巨大影响。风险是不确定的，但也是可预测的、可减缓的、可规避的，这也是风险管理存在的意义所在。风险管理不仅可以使社会风险降低，还可以使风险处理的社会成本降低，社会效益增强。

环境风险管理的目标是在环境风险分析基础上，在行动方案效应与潜在风险以及降低风险代价之间谋求平衡，以选择最佳管理方案（郭文成等，2001）。目前，环境风险管理研究主要集中在环境事件的风险防范和应急处置等方面。风险管理最早起源于 20 世纪 20 年代，且以经济风险为起点。在它的发展过程中，由于不同学者对风险管理的出发点、目标、手段和管理范围等强调的侧重点不同，从而形成了不同学说，其中以美国的风险管理学说最具代表性。国外学者认为风险管理是在意外事故发生后，通过对所需资源的有效利用，恢复财力的稳定性和营业的活力，或以固定的费用使长期风险及损失降低到最低限度；也有学者将其定义为个人、家庭、企业或者其他团体所面临的纯粹风险的一种有组织的管理方法。20 世纪 90 年代，联合国环境规划署提出了 APELL（awareness and preparedness for emergencies at local level）计划，即"地区级紧急事故意识和准备"（Kik，1990）；1990 年，美国空气清洁法案修正案要求美国职业健康和安全管理局及美国国家环境保护局对处置极端有害物质的设施实施风险管理计划，对事故发生进行风险评估并建立应急措施（United States Environmental Protection Agency，1990）。而后美国、加拿大、英国等西方发达国家相继将环境风险管理的重点放在削减有毒污染物的排放和管理上，如采用全废水的毒性试验方法，禁止达到致毒量的有毒污染物排放。

在我国，汪立忠等（1998）首次提出了环境风险管理的管理计划、应急措施和减缓措施，分析了我国环境风险管理存在的难题；熊飚等（2003）采用案例分析的方法，提出了危险化学品生产、使用、运输等过程中的薄弱环节，提出了事故风险防范的重点；李其亮等（2005）通过建立工业园区风险评价指标体系，分析工业园区环境风险的特点，提出了工业园区的风险控制措施；曲常胜等（2010）通过风险系统理论构建区域环境风险综合评价指标体系，通过区域环境风险综合指数将研究区划分为高风险区、中风险区、低风险区，并提出了优先管理的理念，针对高风险区域制定优先管理的措施；李凤英等（2010）依据优先管理和全过程管理的理念，构建了环境风险全过程评估与管理的框架和理论体系，涵盖了环境风险源识别、受体易损性评估、环境风险表征、风险应急控制决策以及风险事故损失后评估等关键步骤；尹荣尧等（2011）和曾维华等（2013）均指出了现有环境风险管理的研究大多未能考虑区域内环境风险源、环境风险场和环境风险受体空间分布的差异性，宏观统一的风险管理存在较大缺陷。

1.7 区域环境风险研究中存在的问题

1.7.1 理论体系的问题

目前，区域环境风险研究尚缺少完善的理论体系，特别是学者对区域环境风险系统的认识存在较大分歧，严重影响了区域环境风险研究的规范化与科学性。虽然区域内个别环境风险要素的危险性相对较小，但区域内各种危险因子并存、叠加和拮抗作用，导致区域环境风险发生过程与机理十分复杂，这也严重限制了区域环境风险系统理论的发展，并且随着社会经济发展，区域范围内集中了大量的人口、资金、物质和能量，因自然或者人为原因引发的环境污染事件的可能性不断增加，造成的危害和损失也将急剧增大（曾维华等，2013）。区域环境风险评价与管理涉及因素多、评价范围广、评价内容复杂，须包含区域系统协调发展的思想，未来需要进一步完善区域环境风险的相关理论体系，从而为区域环境风险管理提供理论支撑。

区域环境风险具有复杂性、研究方法具有局限性、研究历史短、对风险发生过程中某些现象和机理仍缺乏科学认识、相关信息资料积累不足、区域环境风险理论不完善等问题，在区域环境风险评价过程中就会导致评价结果的不确定性增强。现有的区域环境风险评估研究中对评价指标体系的构建复杂多样，直接影响评价结果的不确定性，如孙晓蓉等（2010）基于驱动力-压力-状态-影响-响应（drive force，pressure state，impact，response，DPSIR）模型构建了区域环境风险评价指标体系；李艳萍等（2014）从环境风险源、环境管理机制和环境风险受体等方面构建了区域环境风险评价指标体系，开展区域环境风险评价；王肖惠等（2016）基于事故风险源的危险性开展了城市环境风险评价和分区研究。由此可知，由于缺乏完善的理论指导和支撑，难以建立区域环境风险评价的标准化技术规范。

1.7.2 研究方法的问题

目前，区域环境风险评价方法主要包括定性方法、半定量方法和定量方法。具体包括专家打分法、德尔菲法、层次分析（analytic hierarchy proces，AHP）法、模糊综合评价法等。环境风险的研究历史短，相关信息和资料的积累有限，评估中所需的基础资料缺乏，所以目前区域环境风险评估以定性评估为主，定量方法运用较少（唐征等，2012），而定量地确定区域环境风险程度对于区域环境风险管理和决策具有非常重要的意义。因此，定量表征区域环境风险的方法研究是未来研究的重点之一。此外，受到基础资料的限制，目前基于层次分析法、模糊综合评价法等主观赋权法开展的区域环境风险评价研究较多，但指标权重的确定受到人为主观因素影响强烈，客观性较差。因此，基于客观赋权法（如熵值法、纵—横向拉开档次法等）开展区域环境风险评估研究也应是未来重要方向之一。

1.7.3　实践应用的问题

目前，区域环境风险分析研究在应用上存在的问题主要体现在理论和实践结合不足，将区域环境风险的控制与宏观层面上政策规划制定、环境管理和治理等相结合进行深入分析的研究还较为少见。区域环境风险受到风险因子释放、转运与风险受体暴露及受损等复杂过程的综合影响，而环境风险源、环境风险受体等区域环境风险构成要素的空间差异明显，同时区域经济发展需求也存在较大差异，导致各个地区的风险可接受程度也明显不同，现有环境风险研究的不足导致目前的风险管理策略制定难以适应区域经济发展的迫切需要。

1.8　本章小结

本章在深入介绍区域环境风险的基本概念基础上，分析区域环境风险研究的背景和意义，并在深入分析我国区域环境风险总体形势的基础上，总结国内外关于区域环境风险的研究进展。

（1）我国突发性环境污染事故发生频数呈现较强的时空变异性。从时间方面而言，2005～2017 年我国环境污染事故发生频数总体呈"先下降、后上升、再下降"的态势，这说明我国突发性环境污染事故的发生已得到一定程度的控制；从空间方面而言，我国突发性环境污染事故的高发区主要集中在东部、中部等经济发达地区，我国西部与东北部地区突发性环境污染事故发生频数较低，表明经济发展与突发性环境污染事故的发生存在密切联系。

（2）区域环境风险研究尚缺少完善的理论体系，特别是学者对区域环境风险系统的认识存在较大分歧，严重影响区域环境风险研究的规范化与科学性。未来需要进一步完善区域环境风险的相关理论体系，从而为区域环境风险管理提供理论支撑。

（3）中原经济区建设将成为河南省经济社会快速发展的重大机遇，同时在物质流、能量流不断聚集的过程中，区域经济发展带来的环境风险将更加严峻，也将直接限制河南省区域经济社会环境的可持续发展。以河南省为研究对象，开展区域环境风险分析和管理研究，揭示河南省区域环境风险时空变化特征及发生机理，结合区域经济社会发展的实际需求，提出有针对性的风险管理措施，对于河南省经济社会环境的可持续发展具有重要意义。

参 考 文 献

白志鹏，王珺，游燕，2009. 环境风险评价[M]. 北京：高等教育出版社.

毕军，郝家明，赵桂风，等，1993. 实现环境保护战略目标的风险评价[J]. 环境保护科学，19（4）：68-73.

毕军，杨洁，李其亮，2006. 区域环境风险分析与管理[M]. 北京：中国环境科学出版社.

曹希寿，1991. 区域环境系统的风险评价与风险管理的综述[J]. 环境科学研究，4（2）：55-58.

郭文成，钟敏华，梁粤瑜，2001. 环境风险评价与环境风险管理[J]. 云南环境科学，20（s1）：98-100.

韩楠，于维洋，2016. 中国工业废气排放的空间特征及其影响因素研究[J]. 地理科学，36（2）：196-203.

胡二邦，2009. 环境风险评价实用技术、方法和案例[M]. 北京：中国环境科学出版社.

兰冬东，刘仁志，曾维华，2009. 区域环境污染事件风险分区技术及其应用[J]. 应用基础与工程科学学报，17（s1）：82-91.

李凤英，毕军，曲常胜，2010. 环境风险全过程评估与管理模式研究及应用[J]. 中国环境科学，30（6）：858-864.

李其亮，毕军，杨洁，2005. 工业园区环境风险管理水平模糊数字评价模型及应用[J]. 环境保护（13）：20-22，28.

李伟东，赵东风，赵朝成，2008. 环境风险评价与安全风险评价的相关性研究[J]. 环境科学与管理，33（8）：181-184.

李艳萍，乔琦，柴发合，等，2014. 基于层次分析法的工业园区环境风险评价指标权重分析[J]. 环境科学研究，27（3）：334-340.

林海转，余翔源，孙肖汎，2017. 区域环境风险综合评价研究进展[J]. 资源节约与环保（4）：68-69，72.

刘杨华，敖红光，冯玉杰，等，2011. 环境风险评价研究进展[J]. 环境科学与管理，36（8）：159-163.

陆雍森，1999. 环境评价[M]. 上海：同济大学出版社.

马越，彭剑峰，宋永会，等，2012. 饮用水源地突发事故环境风险分级方法研究[J]. 环境科学学报，32（5）：1211-1218.

宁平，孙鑫，唐晓龙，等，2014. 大宗工业固废环境风险评价[M]. 北京：冶金工业出版社.

戚玉，2015. 区域环境风险：生成机制、社会效应及其治理[J]. 中国人口·资源与环境，25（s2）：284-287.

齐漫，陈昆仑，丁镭，等，2016. 中国省域生活废水排放量的时空分布特征及驱动因素分析[J]. 地理与地理信息科学，32（4）：106-112.

曲常胜，毕军，黄蕾，等，2010. 我国区域环境风险动态综合评价研究[J]. 北京大学学报（自然科学版），46（3）：477-482.

宋永会，彭剑锋，袁鹏，等，2016. 环境风险源识别与监控[M]. 北京：科学出版社.

孙晓蓉，邵超峰，2010. 基于 DPSIR 模型的天津滨海新区环境风险变化趋势分析[J]. 环境科学研究，23（1）：68-73.

唐征，吴昌子，谢白，等，2012. 区域环境风险评估研究进展[J]. 环境监测管理与技术，24（1）：8-11.

汪立忠，陈正夫，陆雍森，等，1998. 突发性环境污染事故风险管理进展[J]. 环境科学进展，6（3）：14-21.

王芳，2012. 转型加速期中国的环境风险及其社会应对[J]. 河北学刊，32（6）：117-122.

王枫云，2013. 美国城市政府的环境风险评估：原则、内容与流程[J]. 城市观察（3）：173-177.

王庆改，赵晓宏，吴文军，等，2008. 汉江中下游突发性水污染事故污染物运移扩散模型[J]. 水科学进展，19（4）：500-504.

王肖惠，陈爽，秦海旭，等，2016. 基于事故风险源的城市环境风险分区研究：以南京市为例[J]. 长江流域资源与环境，25（3）：453-461.

王燕，何大梽，2017. 我国废气排放的空间分布与影响因素研究[J]. 西部论坛，27（6）：42-48.

王玉秀，常艳君，1999. 区域环境风险综合评价方法[J]. 辽宁城乡环境科技，19（3）：34-39.

王志霞，2007. 区域规划环境风险评价理论、方法与实践[D]. 上海：同济大学.

魏科技，宋永会，彭剑峰，等，2010. 环境风险源及其分类方法研究[J]. 安全与环境学报，10（1）：85-89.

吴锋波，金淮，尚彦军，等，2010. 城市轨道交通工程环境风险评估研究[J]. 地下空间与工程学报，6（3）：640-644.

谢元博，李巍，郝芳华，2013. 基于区域环境风险评价的产业布局规划优化研究[J]. 中国环境科学，33（3）：560-568.

邢永健，王旭，可欣，等，2016. 基于风险场的区域突发性环境风险评价方法研究[J]. 中国环境科学，36（4）：
　　1268-1274.

熊飚，陈炎，焦飞，2003. 突发污染事故易发薄弱环节分析[J]. 环境科学与技术，26（3）：23-25.

杨小林，李义玲，2015. 基于客观赋权法的长江流域环境风险时空动态综合评价[J]. 中国科学院大学学报，32（3）：
　　349-355.

杨晓松，谢波，2000. 区域环境风险评价方法的探讨[J]. 矿冶，9（3）：107-110.

尹荣尧，杨潇，孙翔，等，2011. 江苏沿海化工区环境风险分级及优先管理策略研究[J]. 中国环境科学，31（7）：
　　1225-1232.

曾维华，宋永会，姚新，等，2013. 多尺度环境污染事故风险区划[M]. 北京：科学出版社.

张晓春，陈卫平，马春，等，2012. 区域大气环境风险源识别与危险性评估[J]. 环境科学，33（12）：4167-4172.

赵晓莉，赵金辉，张斌，2003. 环境风险评价及其在环境管理中的应用[J]. 污染防治技术，16（4）：186-189.

钟政林，曾光明，1997. 马尔科夫过程在河流综合水质预报中的应用[J]. 环境工程，15（2）：41-44.

周振瑶，宋柳霆，陈海洋，等，2012. 晋江流域工业环境风险评价研究[J]. 中国环境科学，32（9）：1715-1721.

朱华桂，2012. 论风险社会中的社区抗逆力问题[J]. 南京大学学报（哲学·人文科学·社会科学），49（5）：47-53.

ARUNRAJ N S, MAITI J, 2009. A methodology for overall consequence modeling in chemical industry[J]. Journal of
　　hazardous materials, 169(1): 556-574.

CALOW P P, 1998. Handbook of environmental risk assessment and management[M]. New York: John Wiley and Sons.

CHEN I C, NG S, WANG G S, et al., 2013. Application of receptor-specific risk distribution in the arsenic contaminated
　　land management[J]. Journal of hazardous materials, 262(15): 1080-1090.

CHEN T, LIU X M, ZHU M Z, et al., 2008. Identification of trace element sources and associated risk assessment in
　　vegetable soils of the urban-rural transitional area of Hangzhou, China[J]. Environmental pollution, 151(1): 67-78.

CLARK R, LOW A, 1993. Risk analysis in project planning: a simple spreadsheet applications using monte carlo
　　techniques[J]. Project appraisal, 8(3):141-146.

DOBBIES J P, ABKOWITZ M D, 2003. Development of a centralized inland marine hazardous materials response
　　database[J]. Journal of Hazardous materials, 102(2):201-216.

EL-GHNONEMY H, WATTS L, FOWLER L, 2005. Treatment of uncertainty and developing conceptual models for
　　environmental risk assessments and radioactive waste disposal safety cases[J]. Environment international, 31(1): 89-97.

FINIZIO A, VILLA S, 2002. Environmental risk assessment for pesticides: a tool for decision making[J]. Environmental
　　impact assessment review, 22(3):235-248.

GAMO M, OKA T, NAKANISHI J, 2003. Ranking the risks of 12 major environmental pollutants that occur in Japan[J].
　　Chemosphere, 53(4): 277-284.

GHEORGHE AV, MOCK R, KROGER W, 2000. Risk assessment of regional systems[J]. Reliability engineering &
　　system safety, 70(2): 141-156.

GIUBILATO E, ZABEO A, CRITTO A, et al., 2014. A risk-based methodology for ranking environmental chemical
　　stressors at the regional scale[J]. Environment international, 65: 41-53.

HUNSAKER C T, GRAHAM R L, SUTER GW II, et al., 1990. Assessing ecological risk on a regional scale [J].
　　Environmental management, 14(3): 325-332.

JAMES E D, 1990. Risk analysis for health and environmental management[M]. Halifax: Atlantic Nova Print.

JAY G, PATRICK G, VERONICA C B, 2004. Peri-urbanization and in-home environmental health risks: the side effects
　　of planned and unplanned growth[J]. International Journal of Hyqiene and environmental health, 207(5):447-454.

KIK R A, 1990. A method for reallotment research in land development projects in the Netherlands[J]. Agricultural
　　systems, 33(2):127-138.

MARIELLE S, 2000. Modeling risk, trade, agricultural and environmental policies to assess trade-offs between water
　　quality and welfare in the hog industry[J]. Ecological modelling, 125(1):51-66.

NADAL M, CASACUBERTA N, GARCIA J, et al., 2011. Human health risk assessment of environmental and dietary
　　exposure to natural radionuclides in the Catalan stretch of the Ebro River, Spain[J]. Environmental monitoring and

assessment, 175(1-4): 455-468.

STEIN A, SRARITSKY I, BOUMA J, et al., 1996. Interactive GIS for environmental risk assessment[A]. International journal of rock mechanics and mining sciences ＆ geo-mechanics abstracts, 33(7): 313.

TAN ESS, AL-ODAINI N, 2014. Acute and chronic environmental risk assessment (ERA) for Pharmaceuticals in South East Asia[C]. From sources to solution: 101-106.

United States Environmental Protection Agency, 1990. Reducing the risk: setting priorities and strategies for environmental protection[R]. Washington D.C.: United States Environmental Protection Agency.

VARNES D J, 1984. Landslide hazard zonation: a review of principles and practice[R]. Commission on Landslides of the International Association for Engineering Geology and the Enviroment, Paris.

YU Z, ZHANG M H, 2012. A web-based decision support system to evaluate pesticide environmental risk for sustainable pest management practices in California[J]. Ecotoxicology and environmental safety, 82: 104-113.

ZABEO A, PIZZOL L, AGOSTINI P, et al., 2011. Regional risk assessment for contaminated sites part 1: vulnerability assessment by multicriteria decision analysis[J]. Environment international, 37(8): 1295-1306.

第 2 章　区域环境风险研究的理论框架

2.1　区域环境风险理论框架

2.1.1　区域环境风险的内涵

1. 区域灾害系统

区域灾害系统是由致灾因子、孕灾环境与承灾体共同组成的地球表层系统结构体系，以及由致灾因子危险性、孕灾环境不稳定性和承灾体脆弱性共同组成的地球表层系统功能体（图 2-1），其理论可以作为构建区域环境风险系统的依据和参考。但是，区域灾害风险不是致灾因子危险性、孕灾环境不稳定性和承灾体脆弱性的简单叠加，而是各种因素综合作用的结果（史培军，2005）。区域灾害风险从结果的角度体现为区域灾害的后果，而致灾因子、孕灾环境和承灾体的相互作用都对灾害后果的严重程度、时空分布特征造成影响（史培军，1996）。其中，致灾因子是区域灾害风险的外因，也是灾害发生的首要条件，其类型和作用强度决定了灾害的种类和强度。承灾体是区域灾害系统中的客观存在体，也是致灾因子的作用对象，其损失体现了灾害的最终后果，在同等致灾因子的作用下，承灾体会影响灾情的程度。孕灾环境是影响致灾因子和承灾体的背景条件，在灾害发生发展过程中，孕灾环境处于关键地位，一方面充当着孕育灾害的角色，另一方面又充当着致灾媒介的角色，它决定了灾害事件的类型与规模及应对风险可能受到的制约（屈艳萍等，2015）。

从区域灾害系统论的视角，自然灾害系统由致灾因子、承灾体和孕灾环境三部分组成，三者缺一不可。其中，致灾因子是指可能造成财产损失、人员伤亡、资源环境破坏、社会混乱等孕灾环境中的变异因子（史培军，1991），是由社会系统和自然–生态系统相互作用产生的对人类社会构成危害的累积性因素和突发性因素（史培军，2009）。一般情况下，致灾因子主要由自然致灾因子、人为致灾因子和自然–社会致灾因子构成（史培军，1996）。区域承灾体是在一定孕灾环境下承受自然灾害事件作用的客体，即可能遭受损害的区域人群系统、区域社会–经济系统和区域自然–生态环境系统（图 2-2）。目前，区域承灾体主要根据具体灾害类型的影响对象进行分类。例如，谭华（2012）将区域承灾体分为人、建筑物、交通系统、各种管线、动植物资源、生态环境和其他七大类；张斌等（2010）将区域承灾体分为人口、社会经济、居民建筑物和农业经济用地和公共基础设施等。

孕灾环境主要指大气、水文、下垫面等自然环境，又包括反映人类预防、调控、应对、减轻或加剧灾害活动的社会环境（屈艳萍等，2015）。

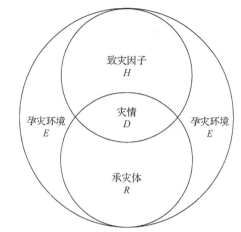

图 2-1 区域灾害系统结构示意图

$$D=E\cap H\cap R$$

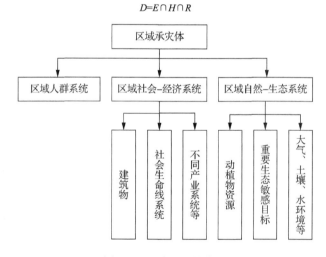

图 2-2 区域承灾体构成

2. 区域环境风险系统

目前，关于环境风险的定义很多。毕军等（2006）认为区域环境风险是指区域开发过程中，在自然-社会-经济复合系统中，人类活动或者自然原因引发的人为活动中使用的技术设施故障在区域空间尺度上导致的可能对人体健康、自然环境质量产生危害的突发性的不确定性事件。区域环境风险是一种大尺度地理区域环境影响特征，有别于单一事件、企业等微观尺度环境风险，其特征表现在区域多样风险源释放带来的多重危险性，风险传播途径与风险受体的多样性和相互作用的复杂性，重点关注产业结构、功能布局与产业定位不合理等引起的宏观尺度的结构型环境风险和布局型环境风险，包括突发性环境污染事故风险和累积性环境污染风险。

毕军等（2006）认为区域环境风险系统由环境风险源、初级控制机制、次级控制机制和风险受体等子系统组成。

（1）环境风险源是指可能产生环境危害的源头。环境风险源的存在是环境风险发生的先决条件，如区域内使用有毒有害物质的企业、仓库、运送危险物质的运输车辆等。

（2）初级控制机制是指对环境风险源的控制设施与相应的维护和管理、使之良好运行的相关因素。初级控制机制主要实现对环境风险源的控制，维持在相对于风险受体安全的状态，对风险因子进行遏制，使其仅能以较低水平释放。

（3）次级控制机制主要是对风险传播途径的控制。次级控制机制主要实现对风险因子通过大气、水体或者土壤的传播过程控制，抑制污染物传播扩散的范围，降低其危害。

（4）风险受体①是指环境风险作用的所有对象，或者是环境风险的所有承受者。

区域环境风险事件不应简单地看成风险释放及其造成的破坏和影响，而应该看成风险产生、风险控制、受体暴露、受体抵御等所有因素构成的复杂系统（顾传辉等，2001）。根据前人研究成果，借鉴区域灾害系统理论，区域环境风险系统由环境风险源、风险控制系统和风险受体三部分组成（图2-3）。

图2-3　区域环境风险系统

（1）环境风险源包括突发性环境风险源和累积性环境风险源。突发性环境风险源主要指导致突发性环境污染事故发生的源头，如危险化学品运输车辆、存储仓库，以及危险化学品生产、使用相关设备设施和企业等。累积性环境风险源主要指导致累积性环境污染事件发生的源头，如水体污染物、土壤污染物和大气污染物排放的源头。

（2）风险控制系统包括突发性环境风险源的监控和管理及累积性环境污染物排放的控制系统。

（3）风险受体是根据突发性环境污染事故和累积性环境污染事件的作用和影响对象，将其分为区域人群系统、区域社会、经济系统和区域自然、生态系统三大类。

区域环境风险系统的组成要素相互联系、相互作用，在一定条件下形成区域环境风险，并造成危害。区域环境风险问题本质是由人类活动的社会属性、经济

---

① 风险受体与区域承灾体为同一概念，但是对于自然灾害而言常用承灾体描述，而对于环境风险来说主要是用受体表述，本章中不统一表述，略有区分。

属性和自然环境的相互作用关系构成的社会-经济-自然复合系统的结构和功能所决定的。该复合系统在时间、空间结构上的相似性和差异性决定了区域环境风险的时空特征。

2.1.2 区域环境风险的形成机理

1. 区域灾害风险的形成理论

区域灾害风险指超过一定程度的自然变异发生的可能性及对人类社会和经济发展可能造成的损失程度。目前，对于区域灾害风险的形成主要有以下几种观点：

（1）区域灾害风险二因子法（图 2-4）。联合国政府间气候变化专门委员会（Intergovernmental Panel on Climate Change，2007）将风险定义为不利事件发生的可能性及其带来损失的严重程度，即：灾害风险=遭受灾害的频率×承灾体受损的程度。

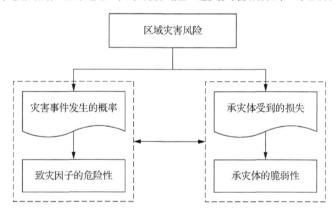

图 2-4　区域灾害风险形成的二因子示意图

（2）区域灾害风险形成三因子法（图 2-5）。费振宇等（2014）认为风险是由自然灾害危险性、承灾体暴露性和承灾体脆弱性相互作用而形成的，即：灾害风险=危险性×承灾体暴露性×承灾体脆弱性。

（3）区域灾害风险形成四因子法（图 2-6）。张继权等（2006）认为区域灾害风险是致灾因子危险性、承灾体暴露性、承灾体脆弱性和区域防灾减灾能力四个因子共同作用的结果。

（4）区域灾害风险形成五因子法（图 2-7）。王铮（2015）认为区域灾害风险是致灾因子、承灾体脆弱性、承灾体暴露性、承灾体关联度及应急响应能力综合作用的结果。

2. 区域环境风险的形成原因

环境风险的形成与人类需求和人类行为方式密切相关，更加准确地说是由人类不合理活动造成的。由于人类活动未能遵守自然客观规律，经过日积月累超过一定的限度后，其负面效应就会呈现出来，在累积性环境风险方面表现得尤为明显。区域环境风险形成的主要原因具体如下。

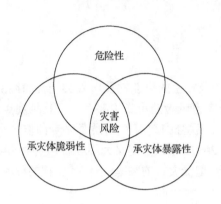

图 2-5　区域灾害风险形成的三因子示意图　　图 2-6　区域灾害风险形成的四因子示意图

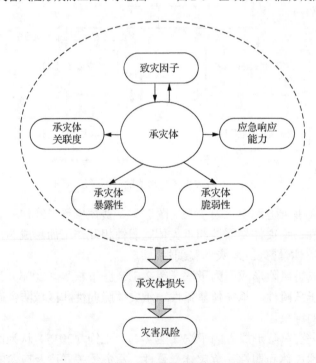

图 2-7　区域灾害风险形成的五因子示意图

（1）人类对客观世界的认识不足。客观世界的运行存在一定的规律性，人类社会在改造自然和创造自然过程中，对自然索取和资源消耗过度，必然导致客观世界的"报复"。例如，人类为了追求经济利益，不顾环境的自净能力，向大气或者水体排放大量污染物，最终污染物的浓度和总量超过了环境自净能力，就造成了严重的空气污染或者水体污染。

（2）产业布局和结构不合理。西方发达国家发展历程早已证明了"先污染、后治理"的路行不通，但当今世界仍然有很多国家和地区为追求经济快速发展，不考虑当地的自然条件，盲目发展工业，特别是大量布局高污染和高能耗的企业，过度追求经济利润，不注重环境污染的防治，不考虑生态环境发展的基本规律，造成了严重的环境问题。

3. 区域环境风险的形成过程

环境风险是环境风险事件发生并造成损失的可能性和不确定性，环境风险源释放、转运并作用于风险受体，并对风险受体造成一定程度的损害。环境风险的发生、发展过程受到环境风险源数量和规模、控制过程有效性、风险受体的价值和暴露性及风险受体的风险抵御能力等多因素的综合作用。一般而言，环境风险的形成必须具备以下条件：存在诱发环境风险的因子并形成危害的条件，风险必须作用于人群、社会有价值物、自然环境等。

区域环境风险的发生是各个系统相互作用、相互影响和相互联系的结果，其发生过程存在一定的次序。区域环境风险发生大概包括三个基本过程：①风险因子的释放过程，即环境风险源的形成并在特定条件下发生环境风险因子的释放；②风险因子的转运过程，即环境风险因子在环境空间中通过大气、水体或者土壤等途径发生转运，并形成特定的时空分布格局；③风险受体暴露及受损过程，即环境空间中人群、社会经济和自然环境等风险受体暴露于风险因子中，并受到风险因子的损害和影响。区域环境风险的发生过程如图 2-8 所示。

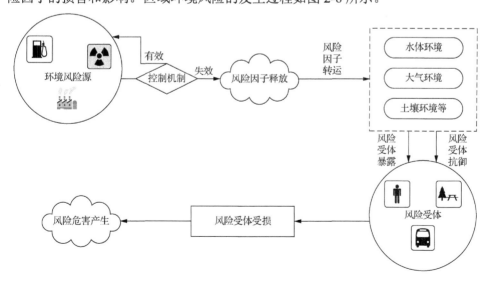

图 2-8　区域环境风险的发生过程示意图

4. 区域环境风险的作用机制

区域环境风险分为突发性环境风险和累积性环境风险，二者的发生、发展过程及风险管理措施差异较大，同时它们的主要作用机制也不完全相同。

（1）突发性环境风险的作用机制。突发性环境风险主要是由于人为失误或自然原因诱发的，造成有毒、有害污染物突发性地进入大气、水体或土壤等环境系统，并经过大气、水体或土壤系统发生迁移、转化、并富集，作用于环境，最终形成对人类社会和生态环境均造成严重危害的风险事件。突发性环境风险的发生时间短、作用范围较大，通过有效的控制措施往往短期内可恢复初始状态。

（2）累积性环境风险的作用机制。累积性环境风险的作用机制较为复杂，一般是工业企业、农业或者居民生活产生的多种有毒、有害污染物进入大气、水体或者土壤中，经过长期作用累积，沿着生态系统的生物链，不断迁移、转化、累积和富集，导致环境系统中污染物的浓度超过了一定的标准，并造成人类社会和生态环境的破坏。累积性环境风险一般具有一定的隐蔽性，存在较长的潜伏期，人们容易忽视长期的风险累积过程，但一旦风险事件发生，往往造成严重且难以恢复的恶劣影响。例如，我国珠江三角洲地区的土壤重金属污染已成为当地较为棘手的环境问题，难以根治。

2.1.3 区域环境风险的分类与特征

1. 区域环境风险分类

从区域环境风险的发生过程看，区域环境风险可以分为突发性环境风险和累积性环境风险两类。突发性环境风险是污染物意外释放，引发突发性环境污染事故并造成一定后果的潜在性。累积性环境风险是污染物长期累积排放进入环境，导致环境中污染物的浓度超过一定的标准，进而引发环境污染事件的风险，如雾霾、水体富营养化等均属于累积性污染物排放造成累积性环境污染事件。

除此之外，按照区域环境风险的发生区域或者空间范围，区域环境风险可以分为国家尺度环境风险、流域尺度环境风险、省市尺度环境风险、园区尺度环境风险等多种类型。

2. 区域环境风险特征

区域环境风险是环境风险的重要分支，具有环境风险的所有属性，同时其自身也有一定的特殊性。区域环境风险具客观性、时空动态性、结果双重性、放大效应。

1）客观性

人类社会发生的各种事件，不论是自然界的洪水、地震、台风，还是社会领域的战争、瘟疫，都是世界的客观存在，同样与之相联系的风险也是客观事物的自身规律所决定的。个别风险事件的发生具有偶然性，但是对大数据风险事件样本进行分析则会发现环境风险事件的发生也具有一定的客观规律性，这也为人类对未来可能发生的风险进行预测、评估提供了可能。工业化进程中，人类在享受工业革命带来的社会巨大进步成果的同时，也承受着巨大的环境风险。如今，人类社会不可能放弃工业文明，也无法消除工业文明带来的各种风险。因此，降低环境风险与工业文明带来的风险并存，减少其对人类和环境的危害是目前的唯一途径。区域经济发展是我国经济发展的重要途径，但受经济发展模式的限制，短时间彻底改变产业布局不合理、产业结构不合理带来的区域环境风险存在较大难度，区域环境风险将伴随着我国区域开发建设的整个进程，这一客观现实必须得到深刻认识，但同时需要充分发挥人的主观能动性，开展区域环境风险管理，降低区域环境风险。

2）时空动态性

区域社会-经济-环境发展使区域的自然属性和社会属性处于不断变化中，并呈现明显的时空动态变异特征。区域环境风险受到区域社会-经济-环境发展的综合影响，也必然导致与其相联系的区域环境风险表现出较强的时空动态性。

3）结果双重性

风险是造成损失和破坏的可能性或者概率。风险事件一旦发生，必然会造成一定的损失和破坏。然而在面对风险的过程中，人类抵御风险的能力也不断提高。

4）放大效应

区域环境风险不同于微观尺度环境风险。区域环境风险源众多，发生过程和迁移转化过程复杂多样，风险类型多样，并伴随其他多种环境风险因素的影响，这些因素相互作用、相互影响，通过"风险叠加"产生"协同、加和、拮抗"等效应，导致区域环境风险事件一旦发生往往造成严重破坏，风险后果的次生效应、放大效应明显。

2.2　区域环境风险分析

2.2.1　区域环境风险分析要素

美国国家科学研究委员会认为风险分析包括风险评估、风险管理和风险交流三个核心要素。风险评估通过分析研究对象系统的风险因子，估计系统造成或者可能造成损失的概率和频率，其后果是可估计和可定量的；风险管理是控制风险损失的程度和风险因子的过程；风险交流是关于风险的自然属性、风险后果、风险评估方法和风险管理选项在决策者和其他利益相关者之间的交换、共享和讨论过程。这三个核心要素之间相互作用和重叠。

区域环境风险分析是对区域环境风险事件发生的可能性及其可能造成的损失程度进行估计，并根据区域环境风险的特点采取合适的控制措施，以降低区域环境风险概率及可能造成的危害。当区域环境风险相关历史数据足够多且容易获取时，可利用区域环境风险相关历史数据开展区域环境风险分析，如利用区域历史环境污染事故发生频数及损失数据，开展区域未来环境污染事故发生概率及可能损失估计。然而实际操作中经常难以获取全面的区域环境风险相关历史数据，这种情况下只能通过一系列的方法（定性或者定量方法），对区域未来环境风险进行模拟预测，并根据模拟预测结果采取科学合理的风险管理措施，以降低区域环境风险事件发生概率及其可能造成的危害。区域环境风险分析也应包括此三个核心要素（图2-9）。区域环境风险评估主要内容包括风险源识别及危险性评估、受体暴露性评估、受体抗逆力评估、受体脆弱性评估及综合环境风险评估等；风险管理是通过识别区域环境风险的主要贡献因子，选择合适的风险转移、风险规避策略降低区域环境风险水平，主要内容包括风险贡献因子识别、风险转移、风险规避和风险策略优化等；风险交流主要包括风险信息交流、风险评估过程交流、风险不确定性交流及风险管理策略交流等。

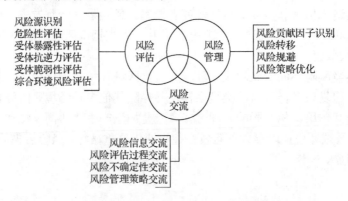

图 2-9　区域环境风险分析要素及主要内容框架图

2.2.2　区域环境风险分析流程

区域环境风险分析一般流程包括区域环境风险源项分析、区域环境风险受体分析、区域环境风险综合评价和区域环境风险管理四个部分，如图2-10所示。

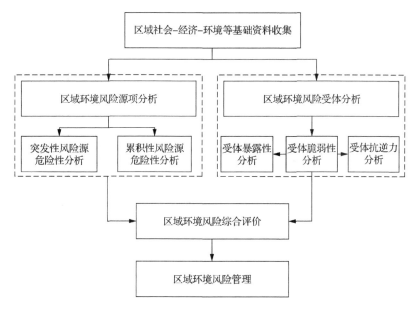

图 2-10   区域环境风险分析流程

（1）区域环境风险源项分析，收集区域社会–经济–环境相关数据，对区域内风险因素进行鉴别和分析，对各风险因素的危险性进行判别和评估，得到各风险因素的综合指数。

（2）区域环境风险受体分析，对区域内风险受体暴露性和抗逆力情况进行分析和评估，得到区域内风险受体的暴露性、抗逆力及综合脆弱性水平。

（3）区域环境风险综合评价，是考虑到区域多个风险因素的综合指数，并对区域人群健康、社会–经济及生态–环境系统等多方面影响程度的差异再次评价的过程，从而确定区域环境风险水平及空间分布状况。

（4）区域环境风险管理，是依据评价结果作出环境决策、分析判断的过程，不仅要确定应控制的风险重点和提出减少风险的方法，还要制定环境风险事件发生后的应急措施：①确定应控制的风险重点区域和重点环节。在区域环境风险源项分析、区域环境风险受体分析和区域环境风险综合评价的基础上，确定区域环境风险的重点管理区域和主要贡献因子；②制定风险控制方案。根据区域环境风险的重点管理区域和主要贡献因子识别结果，确定各种降低风险的针对性办法和对策，如加强区域环境风险源的识别监控、产业转移和调整、风险受体转移调节、风险受体抗逆力提升等；③方案的分析筛选。根据技术可行、经济合理、实施可能的原则，对多个风险控制方案进行分析和筛选，综合多个方案的优点，确定最佳方案。在方案筛选评价时通常采用专业判断法、调查评价法、费用–效益分析法、费用–效果分析法、环境经济学方法等；④构建区域环境风险预警应急体系。根据突发性环境风险和累积性环境风险的特点，构建区域突发性环境风险预警应急体系和累积性环境风险预警应急体系。

2.3　区域环境风险评估

2.3.1　区域灾害风险评估框架

区域灾害风险评估作为区域防灾减灾的基础工作，是科学决策、管理和规划的重要内容，在社会经济建设过程中具有极其重要的作用（王静静等，2012）。自联合国"国际减灾战略"从自然灾害的角度提出"风险评估是对给生命、财产、生计及人类依赖的环境等可能带来的潜在威胁或伤害的致灾因子危险性和承灾体脆弱性的分析和评价，进而判定出风险性质和范围的一种过程"以来，国内外对各种灾害的评估大多依赖此提法来界定风险评估内容。1991 年，联合国提出了风险的概念模型，其表达式为

$$\text{Risk（风险）} = \text{Hazard（危险性）} \times \text{Exposion（暴露性）}$$
$$\times \text{Vulnerability（脆弱性）} \tag{2-1}$$

式中，Hazard 表示致灾因子的危险性及研究区域内可能发生的自然灾害；Exposion 表示暴露于自然灾害风险条件下的各类要素；Vulnerability 表示暴露要素的脆弱性。

根据联合国提出的风险概念模型，自然灾害风险评估是分析研究区域可能发生某种或某些自然灾害的概率，灾害一旦发生会使哪些要素暴露在该自然灾害的威胁下，以及对各种暴露要素可能造成的损失。自然灾害风险评估就是解决以上三个问题及其相互作用关系，区域自然灾害风险评估概念模型如图 2-11 所示（尹占娥，2009）。

图 2-11　区域自然灾害风险评估概念模型

根据自然灾害风险评估的概念，王静静（2011）认为自然灾害风险评估应包括致灾因子评估、承灾体暴露性评估、承灾体脆弱性评估、承灾体损失评估四项基本内容（图 2-12）。

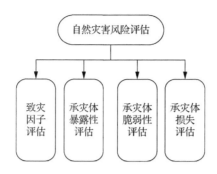

图 2-12　区域灾害风险评估框架

（1）致灾因子评估。以自然灾害的自然属性为基本出发点，通过研究致灾因子过去一段时间内的活动频繁程度和强度，确定研究区域一定时段内各种致灾因子发生的强度及其可能性，即研究区域不同概率灾害事件的强度参数，包括致灾因子强度评估和致灾因子发生概率评估的内容。

（2）承灾体暴露性评估。主要分析处在自然灾害风险中的承灾体数量或价值量及其分布，通过罗列研究区域范围内的主要承灾体，并进行价值估算，呈现出各类承灾体遭受的具体危害强度。

（3）承灾体脆弱性评估。主要分析由自然、社会、经济与环境因素构成的承灾体受到自然灾害风险冲击时的易损程度，包括承灾体暴露性评估、区域社会应对能力评估、区域社会恢复力（抗逆力）评估等方面的内容。

（4）承灾体损失评估。主要评估研究区域一定时段内可能发生的不同强度自然灾害对研究区域造成的可能损失，用于反映承灾体在一定自然灾害事件下的损失程度。这种损失一般包括直接经济损失、间接经济损失及人员伤亡损失等。

2.3.2　区域环境风险评估框架

1. 区域环境风险评估框架

系统论是解析环境风险问题的重要理论（曲常胜等，2010）。毕军等（2006）认为区域环境风险系统包括环境风险源、风险控制机制和风险受体等子系统；杨洁等（2006）认为区域环境风险系统主要包括环境风险源和风险受体。虽然目前不同学者对区域环境风险系统的认识存在差异，但区域环境风险一般认为是环境风险源释放环境风险因子，经环境介质传播后作用于社会经济系统、人群与生态环境系统等风险受体，进而产生财产、健康与环境损害。灾害风险管理领域多采用由环境风险源危险性、风险受体暴露性和风险受体抗逆力三要素构成的风险三角形方法进行灾害综合指数评估（曲常胜等，2010），该方法适用于区域环境风险评估。因此，环境风险源危险性、风险受体暴露性和风险受体抗逆力构成了区域环境风险的基本要素，借鉴灾害风险管理领域的灾害风险度量方法，将区域环境风险评估分为环境风险源危险性评估、风险受体暴露性评估和风险受体抗逆力评估三个方面，其中风险受体暴露性评估和风险受体抗逆力评估是风险受体脆弱性评估的核心内容（图 2-13）。

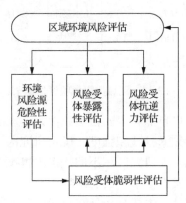

图 2-13　区域环境风险评估框架

2. 区域环境风险评估指标体系构建原则

根据区域环境风险评估框架分析可知，区域环境风险评估包括环境风险源危险性评估、风险受体暴露性评估和风险受体抗逆力评估。其中，环境风险源危险性包括突发性环境风险源危险性和累积性环境风险源危险性。风险受体由社会经济、生态环境和人群系统等因素构成。然而，在进行区域环境风险评估时不可能将环境风险源危险性、受体暴露性和受体抗逆力相关联的所有指标都纳入指标体系，且会造成部分指标之间不必要的干扰。为了使区域环境风险评估指标体系更加合理、有效、全面，在建立该体系时应遵循以下原则。

（1）系统性与主导性相结合原则。代表区域环境风险的各指标之间要有一定的逻辑关系，它们不但要从不同的侧面反映出突发性环境风险源和累积性环境风险源及人群系统、社会-经济系统和自然-生态-环境系统各子系统的主要特征和状态，而且还要反映生态-经济-社会系统之间的内在联系。每一个子系统由一组指标构成，各指标之间相互独立，又彼此联系，共同构成一个有机统一体。指标体系的构建具有层次性，自上而下，从宏观到微观层层深入，形成一个不可分割的评估体系。同时，能代表各个子系统的指标较多，尽可能选择对各子系统起主导作用的指标作为代表性指标，做到系统性和主导性相结合。

（2）典型性原则。务必确保评估指标具有一定的代表性、典型性，不能过多过细，使指标过于烦琐，相互重叠，指标又不能过少过简，避免指标信息遗漏，出现错误、不真实现象，并且数据易获取且计算方法简明易懂。尽可能准确反映出特定区域的突发性环境风险源和累积性环境风险源，以及人群系统、社会-经济系统与自然-生态-环境系统变化的综合特征，即使在减少指标数量的情况下，也要便于数据计算，提高结果的可靠性。

（3）动态性原则。区域环境风险受到风险因子释放与转运、风险受体暴露及受损等环境风险子系统的综合作用，同时各系统随社会发展呈动态变化特征明显（杨小林等，2015）。区域环境风险系统的总体变化特征需要通过一定时间尺度的指标才能反映出来。因此，指标的选择要充分考虑到区域环境风险系统的时间动态变化特点，应尽可能选择能获取若干年度变化数据的指标。

（4）科学性原则。各指标体系的设计及评估指标的选择必须以科学性为原则，能客观真实地反映区域的环境风险源，以及人群系统、社会-经济系统和自然-生态-环境系统的特点和状况，能客观全面反映出各指标之间的真实关系。

（5）可比性、可获得性、定量化原则。指标选择时应特别注意总体范围内的一致性，指标体系的构建是为区域政策制定和科学管理服务的，指标选取的计算量度和计算方法必须统一，各指标尽量简单明了、微观性强、便于收集，各指标应具有很强的现实操作性和可比性。同时，鉴于评价的客观性和准确性，尽可能选择能获取定量数据的指标作为代表性指标，以便进行模型计算和分析。

2.4　区域环境风险分区

区域尺度环境风险源、风险受体、风险传播的空间特性，导致区域环境风险呈现出很强的空间变异性，因此有必要对区域环境风险划分等级，实现区域环境风险等级分区，从而结合区域经济发展实际需求，实现风险的有效管理。区域环境风险分区就是通过区域之间及区域内部各部分之间综合环境风险相对大小的排序过程，将其划分为不同的风险等级区域，是区域环境风险管理的主要手段和基础工作。也就是说，环境风险评价所确定的区域环境风险水平的空间变异是环境风险分区的依据，环境风险分区将为区域环境风险管理的策略制定提供科学依据。

2.4.1　区域环境风险分区的原则

区域环境风险分区是考虑区域环境风险源、风险受体、风险传播的空间特性等因素的综合影响，确定区域内各部分环境风险水平相对高低的过程，并利用一系列的工具进行分区描述，在进行合理分区之后，根据每个等级区域主要环境风险制定针对性风险管理对策。环境风险分区的基本原则主要包括以下方面。

　　（1）系统性原则。区域环境风险发生过程复杂，风险类型多样，并伴随多种环境风险因素，这些因素相互作用、相互影响，通过风险叠加产生的协同、加和、拮抗效应明显。区域环境风险不是区域内部环境风险源危险性和受体脆弱性的简单加和，也不是单一环境风险事件的简单叠加，而是区域内部环境风险源、风险受体、环境风险场等因素相互作用、相互联系而构成的系统性整体。区域环境风险的发生不但存在叠加效应和放大效应，而且区域环境风险的分析和管理涉及自然环境、经济和社会多个系统，只有采取系统性分析手段，才能真正认识区域环境风险发生、发展、演化机理和规律。在此基础上，研究区域内部各种风险的内在联系及综合效应，才能真正揭示区域之间以及区域内部环境风险分布的差异性和相似性。因此，区域环境风险分区应该系统考虑区域环境风险的发生、发展过程，在对区域环境风险进行系统评估基础上实现科学分区。

　　（2）一致性原则。区域之间和区域内部环境风险空间分布的一致性是区域环境风险分区的基础和依据，如区域环境风险性质和类型一致性、区域环境风险源性质和类型一致性、区域环境风险受体脆弱性和价值一致性、区域环境风险场特征一致性等。但须注意的是，这些一致性均是相对的。在环境风险分区过程中，为了便于管理，风险等级区的界限一般与行政区界限一致，从而保证风险管理策略和计划的制定和有效实施。

　　（3）主导型原则。区域环境风险分区的核心任务是确定区域之间及区域内部的环境风险等级差异，确定区域环境风险管理的优先顺序。例如，区域环境风险源危险性强、区域环境风险受体脆弱性水平高的区域往往是风险等级较高的区域，一旦发生环境污染事件容易造成较大影响和破坏，该类区域一般是政府决策者和公众关注的对象，也是风险管理的优先对象和重点区域。

　　（4）动态性原则。随着社会经济的发展和自然环境的变化，潜在的环境风险源、风险场及环境风险受体的时空特性及其他性质将发生一定的变化，即区域环境风险的空间格局会随着时间变化而动态变化，而且人类的风险观也会随着时间的变化而变化，对风险的判断标准也将发生变化，环境风险的社会公众可接受水平和区域环境容量也会随时间变化而变化。因此，区域环境风险分区必须根据区域环境风险格局和风险容量的变化进行动态分析，实现区域环境风险动态综合分区，从而为区域环境风险动态管理提供依据。

2.4.2　区域环境风险分区的基本方法

　　目前，区域环境风险分区的方法主要有环境风险负荷分区法、环境风险容量分区法和综合指数分区法。

1. 环境风险负荷分区法

1）综合风险分区

综合风险分区是考虑区域之间与区域内部所有环境风险类型的分区过程，分区结果大多用图表形式呈现出来。一般情况下，综合分区过程包括以下四个方面：

（1）根据区域内环境风险受体规模、易损性和价值大小，确定区域环境风险受体脆弱性等级区，从而为区域环境风险受体的保护提供依据。一般情况下，根据区域环境风险受体的脆弱性水平，可将区域划分为三类受体脆弱区（高脆弱性区域、中脆弱性区域和低脆弱性区域）或者五类脆弱区（高脆弱性区域、较高脆弱性区域、中脆弱性区域、较低脆弱性区域和低脆弱性区域）。另外，也可参考自然保护区中核心区、缓冲和试验区的划分方法，根据环境风险受体的脆弱性水平将区域划分为不同的受体保护区，如毕军等（2006）将受体保护区划分为 I 级（特殊保护区）、II 级（重要保护区）、III 级（一般保护区）、IV 级（潜在保护区）共四类不同等级区。

（2）根据区域特定时空区间内潜在的环境风险源数量和类型进行分区。潜在环境风险源的确定主要取决于环境风险源的危害评价及风险事件历史资料的分析。一般情况下，根据潜在环境风险源的危险性将区域划分为三类危险区（高危险区、中度危险区和低危险区）或者五类风险区（高危险区、较高危险区、中度危险区、较低危险区和低危险区）。

（3）根据区域环境风险事件频数的历史数据将区域划分为风险高发、风险常发区和风险偶发区等不同等级区。这种划分方法是根据特定区域历史环境风险事件发生频数大小来划分风险等级的一种方法，其重点考虑不同区域风险事件等级水平的差异。

（4）利用式（2-1）计算区域环境风险的大小，然后按照一定的标准（如模糊聚类分析）将区域划分为高、中、低等不同风险等级区，即

$$RER = \sum_{i=1}^{n} c_i \times p_i \qquad (2\text{-}2)$$

式中，RER 为区域环境风险；c_i 为第 i 类风险事件的后果；p_i 为第 i 类风险事件发生的概率；n 为风险事件的种类。

2）单一事件风险分区

单一事件风险分区是针对区域内某一种环境事件风险的分区，一般情况下以定性指标为主，所以可采用综合分析法进行分析。首先，根据研究区域环境风险系统综合特征确定指标体系及划分依据，进行单因子分级评分；其次，在各种单因子分级评分的基础上，通过直接叠加或者加权叠加求出区域环境风险值；最后，按照得分将区域划分为三类或者五类风险等级区。

2. 环境风险容量分区法

环境风险容量是环境容量的一种特殊类型，是指某一区域最大可接受风险水平与背景风险水平之差。区域环境风险容量分区与公众风险意识及风险认识水平密切相关，是环境风险剩余容量分区的前提。在区域环境风险容量和环境风险负荷的基础上，可进行环境风险剩余容量分区。环境风险剩余容量（environmental risk residual capacity，ERRC）是环境风险容量（environmental risk capacity，ERC）与环境风险负荷（environmental risk load，ERL）之差。

$$ERRC= ERC-ERL \tag{2-3}$$

（1）若 ERRC<0，表明该区域的环境风险水平超过了环境风险承载能力，需要采取各种消减措施。

（2）若 ERRC=0，表明该区域的环境风险水平与环境风险承载能力相当，考虑到环境风险负荷的时间波动性，也需要适当采取各种消减措施。

（3）若 ERRC>0，表明该区域的环境风险水平小于区域环境风险承载能力，暂时无须采取各种风险消减措施，但需要注意经济的发展导致区域环境风险水平的提高。

3. 综合指数分区法

综合指数分区法是在构建区域环境风险分区评估指标体系的基础上，首先根据区域环境风险具体状况，选择合适的指标权重确定方法，判断各指标因子对环境风险的相对贡献率；其次根据各指标因子的得分与指标权重乘积，按照环境风险的划分标准，划分区域环境风险相对大小的方法。在指标权重的确定过程中，比较常用的方法包括主观赋权法（如层次分析法、专家打分法、德尔菲法等）和客观赋权法（熵权法、纵一横向拉开档次法、变异系数法等），部分方法将在第 3 章具体介绍，此处不再赘述。

2.5　区域环境风险管理

继风险评估之后，风险分析的下一步工作是采取管理措施对风险实现控制和管理，确保风险被降低或者消除。为了降低或者消除区域环境风险，管理部门应在考虑区域社会-经济-环境综合发展的目标前提下，选择合理有效的控制措施，使区域环境风险降低到可接受水平。控制措施的选择应该以风险评估结果为依据，确定何种环境风险源需要重点控制、何种环境风险受体需要重点保护，且应该采取何种形式的控制措施。最后管理部门根据控制费用和风险平衡的原则，严格实施并保持所选择的风险控制措施。

2.5.1　区域环境风险管理的主要目标

区域环境风险管理的目标是要实现区域环境风险的最小化，即在满足一定的约束条件下，最大限度地降低区域环境风险。其基本内涵包括：①区域环境风险的最小化是相对的，环境风险最小化并不意味着零风险；②区域环境风险的管理和控制不应损害区域可持续发展目标的实现；③区域环境风险管理措施必须具有社会、经济、技术等方面的可行性，即区域风险管理措施无论在文化习俗、价值取向等方面应被区域群体接受，且管理措施在技术上应具有可操作性，在经济上具有收益性；④风险管理的人力、物力和财力有限，区域环境风险管理过程中必须寻求措施的最优化，如环境风险"优先管理"的理念通过开展区域环境风险空间差异、主导环节量化及风险减缓策略优化理论研究，探讨区域环境风险优先管理区和优先管理环节，结合区域经济发展实际需求，针对优先管理区和优先管理环节提出风险管理控制措施，寻找区域环境风险最小化的优化途径。

2.5.2　区域环境风险管理体系

区域环境风险管理体系主要从法律、管理等角度考虑，制定各种风险管理措施，降低区域环境风险事件带来的损失。

1.　建立区域环境风险评价标准

不同的管理者持有不同的风险态度，在进行区域环境风险评估时，首先需要确定区域环境风险评价标准。持保守态度的管理者对环境风险估算较高，制定的可接受风险水平较低，风险管理的要求也较高，风险认识水平较低；持激进态度的管理者估算的风险结果较低，制定的可接受风险水平较高，对风险管理要求较低，对风险的认识水平也较低；持中庸态度的管理者对风险认识水平较高，其他因素则位于前两者之间。由于管理者持有的风险观不同，分析环境风险因素的偏好不同，最大风险接受水平也不相同，在风险管理过程会出现各种分歧。为了确保区域环境风险管理的顺利进行，需要根据评价目标的实际情况，调查各方面因素，制定统一的区域环境风险评价标准。

2.　建立区域环境风险管理制度

区域环境风险可以分为突发性环境风险和累积性环境风险，二者发生、发展的过程和机理不尽相同，在建立区域环境风险管理制度过程中，需要制定针对性的管理制度和管理措施，尽可能地降低风险。此外，不同区域环境风险发生类型与概率不同，需要结合区域特点，针对发生概率大的区域环境风险，建立重点管理制度，构建详细的环境风险管理流程。

　　3. 建立区域环境风险信息档案

　　区域环境风险信息档案是区域环境风险管理的重要信息资源，为相关部门制定区域环境风险管理措施提供依据。区域环境风险管理过程中，需要了解环境风险源的特点，环境风险因子状况及风险受体的分布和状况等。区域环境风险信息档案可以提供相应的信息，包括评价目标的基本信息、影响环境的主导污染行业、重大环境风险源的分布和数量、环境风险受体的空间分布与规模、应急资源的类型、数量与空间分布状况等，方便管理部门查找风险信息及管理风险因子。

2.5.3　区域环境风险管理策略

　　风险评估主要集中于环境风险源识别、后果和影响量化等不确定性的表征。风险管理受风险水平、经济和技术条件的约束，根据环境风险源危险性、风险受体暴露性、风险受体抗逆力及风险受体的综合脆弱性等时空特征，选择合适的行为，从而达到管理这些不确定性的目的。由此可知，风险评估和风险管理紧密联系，并彼此协同增强（图 2-14）。风险评估常用于理解风险的贡献因子及这些因子随着时间和空间变化而变化的特征。风险管理则使用风险评估确定的贡献因子来合理地制定控制策略，并利用有限的资源来转移、控制风险，并使风险最小化，同时追踪重要贡献因子的变化。一旦采用新的策略，风险也将改变，并引导形成新的、不同的贡献因子，进一步的风险评估可以重新确定新贡献因子的重要性，二者相互作用和影响，最终达到风险最小化的目标。

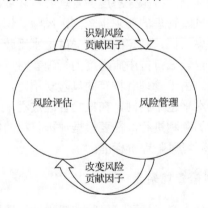

图 2-14　风险评估与风险管理之间的关系

1. 全过程管理策略

社会需求是环境风险存在的根源。从社会需求到风险危害产生的整个过程，诱发风险的原因可能存在于任何环节。或者说，风险管理的潜在"节点"可能存在于环境风险事件发生过程中的任何环节。因此，有必要对环境风险事件发生的全过程进行管理。

全过程管理理念是从潜在的环境风险源、诱发因子、发生过程以及后果影响的全过程进行分析，制定风险管理措施和对策，从而降低风险带来的损失。全过程管理可分为环境风险发生前和环境风险发生后两种管理模式，也就是前端管理和末端管理。全过程管理策略的制定必须建立在区域环境风险全过程分析的基础上，图 2-15 所示为全过程管理策略的框架。

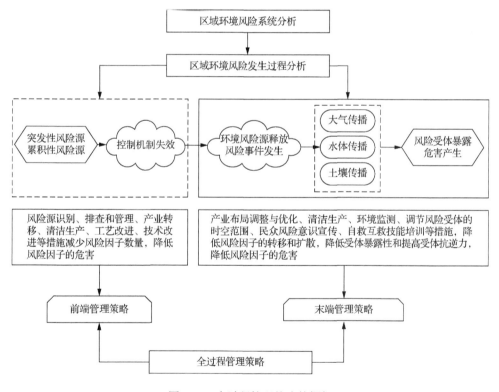

图 2-15　全过程管理策略的框架

前端管理主要是针对潜在的环境风险源、诱发因子等风险因子进行管理，包括两个具体目标：第一，在风险活动实施之前，适当调整区域内社会及个体的需求和行为方式，以减少较大风险活动的出现；第二，在风险因子产生之前，对潜在环境风险源进行控制和管理，以减小风险因子释放的可能性和释放规模。

末端管理主要是在风险因子释放之后，针对环境风险传递过程及风险受体的暴露特点，制定相关的措施进行控制和管理，以最快的速度控制风险，减少风险带来的损失，也包括两个具体目标：第一，在风险因子释放之后，采取相应的手段控制环境风险的形成过程，降低风险因子的危害和受体的暴露程度，减小环境风险因子与环境风险受体空间重叠的可能性与水平；第二，在风险危害产生之后，启动应急预案，采取应急处置措施，最大限度地减少风险事件造成的损失。

1）加强区域潜在环境风险源的管理

潜在环境风险源是环境风险事件发生的源头，因此，消除或者减少潜在环境风险源成为区域环境风险管理的根本途径。但是，现实生活中，人类的生存和发展需求不可避免地带来各种潜在的环境风险源，因此，唯一的途径就是最大限度地满足人类生存和发展需要的基础上，控制环境风险源的数量和规模，从而达到区域潜在环境风险源管理的目的。一方面，管理部门要加强区域环境风险源的调查和识别，建立环境风险源档案制度，加强区域潜在环境风险源的监控与管理；另一方面，如果能够减少风险因子的数量或者降低其规模，也可达到消除或者降低潜在风险的目的。因此，在需求确定的前提下，可通过需求方式的选择，适当减少风险因子的数量，降低风险因子的危害。例如，技术更新和产品替代是风险因子控制的重要手段，如甲苯代替喷漆中的苯；脂肪族烃代替胶水或黏合剂中的苯；乙炔制乙醛，常用汞作为催化剂，通过改变生产工艺，改为乙烯制乙醛，不须加入催化剂，即可消除汞害。这些技术更新或者产品替代的方式都可以降低区域环境风险源的数量和规模。又如，区域社会发展到一定程度，通过将高污染、高消耗的高风险行业转移或再布局，也可以达到控制区域环境风险源的数量和规模的目的。

2）加强风险传播过程的控制

风险传播过程管理是全过程管理的重要环节，对降低区域环境风险具有重要作用，是根据区域环境风险发生特征、主要类型和传播途径，制定相应的管理措施，主要包括：根据区域环境特点，通过区域产业布局调整，控制风险传播过程，降低对风险受体的影响和破坏，如将重污染企业布置在下风向或者河流下游，降低环境污染，降低风险因子传播过程的风险；通过对风险因子加强管理，降低污染物排放浓度和排放总量，从而降低风险因子传播过程的风险；加强区域环境监测工作，如空气质量监测、水环境质量监测和土壤质量监测，若发现异常指标，立即向上级或有关部门报告，在短时间内采取相应的应急控制措施降低污染物扩散和影响的范围。

3）加强风险受体的管理

环境风险危害的产生源于环境风险受体的时空分布与环境风险场的时空重叠，特定时空条件下的环境风险事件，风险受体的暴露性水平和抗逆力水平往往决定了环境风险危害的程度。因此，可通过加强区域环境风险受体的管理降低风险事件造成的危害，具体措施包括以下方面：

（1）调节风险受体的时空范围。主要是指根据区域环境风险源的总体特征，合理布局风险受体数量和规模，如在工业企业密集区下风向避免布局居民点；在工业企业的排污口下游避免设置城市取水点；在危化品运输线路或者管道线路附近尽量避免布局居民点等。

（2）调整风险受体的数量与规模。风险事件造成危害的大小往往与受体数量、规模和价值大小成正比，因此可以通过控制风险场周边的环境风险受体的数量和规模，特别是控制价值较高的受体数量和规模，以减轻风险危害。具体措施如下：第一，将所有受体从潜在风险场转移出去，如禁止在危化品存储区建设居民区或者其他环境敏感目标；第二，尽可能将风险场内的风险受体，特别是易损性强、价值高的风险受体转移出去，如在危险化学品生产、存储区下游或者下风向的居民转移至上游或者上风向，从而从总体上降低环境风险水平。

（3）通过区域环境风险受体脆弱性调节，提高风险受体的环境风险应对能力，降低风险危害。在风险管理过程中，通过增强风险受体抗逆力是降低风险受体脆弱性、降低风险危害的重要环节，如加强重大环境风险源周边民众的风险意识宣传、民众自救互救技能教育和培训，提高民众应急疏散、应急互助救援能力，降低环境风险的危害。但是，环境风险受体易损性的调节一般须在环境风险事件发生之前完成。

2. 优先管理策略

优先管理策略主要是针对区域内环境风险危害的大小或者区域内多种环境风险事件发生概率大小确定优先管理顺序，对风险高的区域或发生概率高的环境风险事件进行优先管理的方法（图 2-16）。根据区域环境风险最小化的基本内涵，某一管理方案优先于其他管理方案必须满足两个条件：一是该方法在降低区域环境风险水平方面具有较好的效果；二是该方案具有较小的投资，即风险管理的费用-效益比小于 1。优先管理策略的理念是在资源有限投入的情况下，通过确定优先管理目标，集中资源解决大问题，从而在整体上降低区域环境风险水平，达到区域环境风险最小化的目标。一般情况下，优先管理策略的制定主要从优先管理区、优先管理事件和优先管理环节三个方面考虑。

（1）优先管理区。由于区域自然、经济和技术分布的空间差异，潜在的环境风险源、环境风险受体及综合环境风险存在空间分布特征。通过区域环境风险等级划分，可将区域风险较高的区域作为优先管理区，实现区域环境风险的优先管理。

（2）优先管理事件。根据区域社会经济环境总体特点，分析确定区域环境风险事件（如大气环境污染事件、水环境污染事件或土壤污染事件）的概率大小，确定区域主要的环境风险事件，并将其作为优先管理的事件。另外，区域环境风险包括突发性环境风险和累积性环境风险。突发性环境风险容易识别，但是危害较大；累积性环境风险作用周期长，短期危害较小，长期危害较大，风险治理周期较长。因此，应该将区域突发性环境风险事件作为优先管理事件。

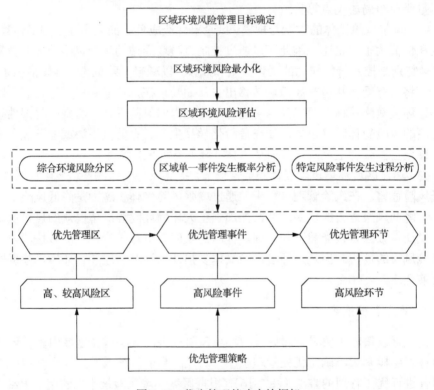

图 2-16　优先管理策略实施框架

（3）优先管理环节。环境风险事件形成、发展并造成危害，包括从环境风险因子释放、风险传播过程及对受体产生影响等，因此，存在多个风险管理环节，但是不同环节的风险管理效率和效益不完全一样。通过区域环境风险的全过程分析，确定区域环境风险管理节点的优先顺序。例如，大多数人认为降低区域环境风险重要的环节是控制潜在环境风险源，即区域潜在环境风险源的控制和管理是区域环境风险管理的优先环节。

3. 差异化管理策略

全过程管理策略是从环境风险事件发生的全过程开展风险管理，即前端管理和末端管理均是风险管理的重点。在资源投入有限的情况下，区域环境风险管理难以抓住主要矛盾或重点。优先管理策略是在资源投入有限的情况下，通过确定区域优先管理区、优先管理事件及环境风险事件发生、发展过程中的优先管理环节开展区域环境风险管理，弥补了全过程管理策略的不足，风险管理的针对性更强、效率更高。但是区域环境风险系统复杂，在确定的优先管理区、优先管理环节的基础上难以确定优先管理区和优先管理环节的关键要素。例如，风险较高区域一般被认为是优先管理区，但不同的优先管理区，风险水平较高的主要贡献要素可能时空特征差异明显，有些优先管理区风险较高主要是由于区域环境风险源密度较高、状态不稳定等原因造成的环境风险源危险性较高形成，而有些优先管理区风险较高的主要原因可能是风险受体脆弱性较强引起的。由此可知，对于区域环境风险管理，优先管理策略无法揭示区域环境风险及其构成要素的时空变异性的影响，导致其风险管理措施仍然存在针对性不强的问题。因此，本章在深入分析全过程管理策略和优先管理策略优点和不足的情况下，提出了基于全过程管理理念和优先管理理念的区域环境风险差异化管理策略。

差异化管理策略主要针对区域之间及区域内部各部分环境风险的大小，以及主要贡献因子的空间差异进行差别化管理。区域环境风险受到环境风险源危险性、受体暴露性和抗逆力的综合影响。换句话说，区域环境风险源危险性大或者受体暴露性高，并不意味着区域环境风险一定高，区域环境风险受体的抗逆力较高也并不意味着区域环境风险水平较低。差异化管理策略的思路是在区域环境风险源危险性、受体暴露性和抗逆力评估及区域环境风险综合评价基础上，确定区域环境风险较高的区域作为优先管理区，"资源重点投入、管理时间靠前"，并弄清该类区域环境风险的主要贡献因子，即确定是环境风险源危险性较高、受体暴露性强，还是受体抗逆力较弱导致该区域环境风险水平较高，还是多个因素皆有，并根据不同区域环境风险的主要贡献因子的空间差异实现差异化管理。例如，A 区域和 B 区域均为高风险区域，但二者风险主要贡献因子不同，A 区域风险主要贡献因子是区域环境风险源危险性较高，B 区域虽环境风险源危险性较低，但风险受体暴露性强且受体抗逆力弱。因此，在区域环境风险管理过程中需要根据 A 区域和 B 区域风险主要贡献因子的差异，分别实施环境风险源危险性控制措施和风险受体脆弱性控制措施。

一般情况下，差异化管理策略主要包括优先管理区管理、环境风险源危险性管理、受体暴露性管理和受体抗逆力提升管理（图 2-17）。

（1）优先管理区域。根据区域环境风险综合评估，确定区域环境风险较高的区域并将其作为区域环境风险管理的重点区域，发挥有限资源的最大效能，降低区域整体的环境风险水平。

（2）环境风险源危险性管理。根据区域环境风险源危险性评估结果，确定区域环境风险源危险性较高的区域并将其作为区域环境风险源危险性管理的重点区域。可采取的措施包括区域产业结构调整和转移、环境风险源的识别和监控管理、清洁生产技术的推广等。

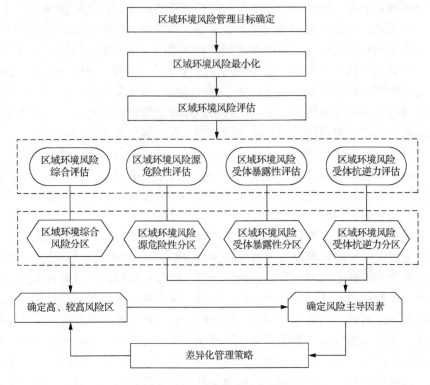

图 2-17　差异化管理策略实施框架

（3）风险受体暴露性管理。根据区域环境风险受体暴露性评估结果，确定区域环境风险受体暴露性较高的区域，并将其作为区域环境风险受体暴露性管理的重点区域。可采取的措施包括风险受体暴露性调节、区域产业布局和调整、敏感目标的重新布局等。

（4）风险受体抗逆力提升管理。根据区域环境风险受体抗逆力评估结果，确定区域环境风险受体抗逆力较低的区域，并将其作为区域环境风险受体抗逆力提升的重点区域。可采取的措施包括区域民众风险意识宣传和教育、民众自救互救技能培训、环境基础设施建设以及区域应急体系建设等。

2.5.4　区域环境风险管理辅助系统

区域环境风险管理是一项复杂的系统工程，它不仅涉及社会需求和社会行为、技术系统的状态、生态系统特征和承载力、人口的地域分布、区域经济结构和发展水平，还与自然灾害发生等多种随机因素密切相关。因此，环境风险管理系统是一个多方位、多层次、可控因子交叉的复杂控制和管理系统（曹希寿，1991），区域环境风险管理过程需要多学科知识的支持。要达到区域环境风险管理的基本目标，除了正确的风险管理策略和措施，还需要一系列完善的、高效的辅助系统，如区域环境风险管理行政与政策手段、环境风险信息管理系统、环境风险预警系统、环境风险应急体系、风险交流等。

1. 区域环境风险管理行政与政策手段

为防范区域环境风险事件发生，减少风险带来的损失，需要从多个方面制定管理措施，其中行政与政策手段是基本的管理措施。区域环境风险管理行政与政策手段主要包括加强区域环境风险评价研究、健全区域环境风险管理的法律法规体系、积极推进落实区域清洁生产政策等方面。

1）加强区域环境风险评价研究

区域环境风险评价是环境风险管理的基础，为了能够制定合理有效的风险管理措施，需要加强区域环境风险评价研究，包括区域环境风险识别的理论与方法、区域环境风险预测的理论和方法、区域环境风险评价的相关标准、区域环境风险管理方式等。由于环境风险研究多集中在微观尺度的单一事件风险评价、工艺设备的危险性评价等，区域环境风险评价理论尚不成熟，并且区域环境风险评价工作需要结合特定区域的特点开展，尤其是区域环境风险管理措施的制定和实施需要结合区域社会-经济-环境的发展现状以及发展目标，最终实现社会-经济-环境的可持续发展。政府须加大区域环境风险评价研究的支持，为完善区域环境风险评价的理论体系，更为区域环境风险管理及区域社会-经济-环境的可持续发展提供依据。

2）健全区域环境风险管理的法律法规体系

实践表明，立法和制定规章制度是改善环境质量、控制污染风险的重要手段和根本途径。同时，环境风险管理法律法规是区域环境风险管理措施有效实施的保障。目前，我国已经形成了包括《中华人民共和国环境保护法》《中华人民共和国突发事件应对法》《中华人民共和国大气污染防治法》《中华人民共和国水污染防治法》《中华人民共和国固体废物污染环境防治法》等在内的相关法律法规体系。现有环境法律法规规定了环境风险管理的相关内容，如 2015 年的《中华人民共和国环境保护法》提出了预防为主的原则，对突发环境事件预警、应急和处置做出了规定，并提出建立健全环境与健康监测、调查和风险评估制度；《中华人民共和国水污染防治法》《中华人民共和国固体废物污染环境防治法》等设有污染事故应对的条款；2016 年的《中华人民共和国大气污染防治法》初步纳入了风险管理的内容。但总体来看，现有环境法律法规中环境风险防控与管理的地位较低，相关条款仍然不够具体明晰，可操作性不强，长期累积性生态风险和健康风险防控还基本处于空白。此外还存在一些专项法律空白，如缺乏环境责任、污染场地修复与再利用管理、突发环境事件应对、化学品全生命周期风险管理等方面的专项法律法规等（毕军等，2017）。为此，曹国志等（2016）认为目前我国亟须制定重大事故环境风险防控和应对处置专项法律法规、化学品环境管理专项法律法规、环境损害赔偿法、生态保护法等相关法律法规，以保障区域环境风险控制和管理有法可依。

3）积极推进落实区域清洁生产政策

清洁生产是一种创造性的思想，实现了生产污染物排放由传统的末端治理向生产全过程控制的战略转移，是污染风险控制中重要的技术政策，在消减累积性污染物排放的同时，有利于降低突发性环境污染事故的发生概率。清洁生产一般关注单个企业层面上的具体生产工艺过程的控制（周悦先等，2009）。区域清洁生产是将清洁生产和工业生态学理论相结合，融入系统分析与集成方法，将清洁生产的对象从以往单一的企业或技术拓展到区域产业系统、自然-生态系统和社会-经济系统，结合区域的自然、经济、社会和技术条件，对区域经济发展路径、总体布局、产业结构、生产规模和重点行业等实施清洁生产审计，找出存在的主要问题，提出合理的清洁生产方案，从区域整体上实现资源的合理利用、废物资源化和废物最小化（陈可可等，2007）。区域清洁生产的最高目标是实现工业的生态化，总体战略是建立以企业单独实施清洁生产为基础，逐步增加各企业之间的联系，并从整体上实行宏观控制，实现资源的合理利用、废物最小化和废物资源化的区域清洁生产模式。积极推进区域清洁生产是政府管理部门实现环境与经济协调发展的重要手段。近年来，区域清洁生产的积极推进，对缓解我国华北地区严重的空气污染状况起到了重要积极作用。

2. 区域环境风险信息管理系统

环境风险系统中各要素之间的联系和状态及其控制和反馈作用，均是通过控制信息流来实现的。环境风险信息流的异化，导致信息缺失、沟通断裂、决策失误，进而裂变为威胁性系统，引发环境损失。我国正处于区域大规模经济开发的集中阶段，必须全面提升环境风险信息控制能力，形成积极动态的环境风险管理新格局（韦茜等，2010）。环境风险信息主要包括环境风险源的信息、风险因子转运空间信息、环境风险受体信息、区域内多个环境风险场相互作用的信息、环境风险区范围、组成信息、各类环境风险事件发生频率及等级信息、公众与决策者的风险认知信息、潜在的风险管理对策信息等。

20 世纪 80 年代以来，国外对环境风险信息管理开展了一系列研究和应用，为政府和公众提供相关数据支持，取得了极大的社会效益。隶属于美国联邦应急管理署（Federal Emergency Management Agency，FEMA）的国家事故管理系统（National Incident Management System，NIMS）是面向各层面的动态事故管理和防范系统，并由美国环境保护署的风险与信息综合管理系统（Integrated Risk and

Information System，IRIS）向公众提供全面的环境健康风险信息查询；英国化学事故应急中心的数据库 HAZFILE 可与消防总部直接联系并提供企业信息的实时存取服务（张廷竹，2006）；日本建立了从中央到地方的防灾应急信息系统，由信息联络、收集、披露、应对等子系统组成（余游，2006）。

国内学者依据环境风险信息的扩散特性，探讨了关于信息检测和度量、信息风险评估、信息沟通和资源等问题（毛政利等，2007；王伟，2007；徐寅峰等，2005），认为构建信息共享、综合分析和动态集中管理服务，已成为政府危机管理的核心能力之一（唐钧，2004）。2004 年，国家安全生产监督管理局、国家煤矿安全监察局印发《关于开展重大危险源监督管理工作的指导意见》（安监管协调字〔2004〕56 号），要求全国各地陆续开展重大危险源普查登记和监控工作。北京、重庆等城市逐步建立了重大危险源信息监控系统；沈阳、武汉组建了污染源数据库；吉林、上海进行了化学事故应急救援指挥决策自动化建设；江苏也通过环境信息化建设规划了统一的环境监测数据交换平台。《2006—2020 年国家信息化发展战略》《国家综合减灾"十一五"规划》等多项国家战略规划更是进一步提出"加强环境信息与统计能力建设""加强危机信息管理和保障""完善应急网络运行机制"等指导目标。目前，基于 GIS 的环境风险信息系统设计与实现愈发受到重视，如石祥雷（2011）利用 GIS 研究了经济开发区环境管理信息系统；周蓉蓉等（2016）基于 GIS 平台设计了区域水环境风险信息系统。

一般情况下，基于 GIS 的区域环境风险信息管理系统由系统控制模块、信息数据管理模块、环境风险模拟模块、应急库模块等组成（图 2-18）。系统控制模块主要包括参数控制、用户管理、日志管理等子模块。数据信息管理模块主要包括数据输入模块、空间信息管理模块、社会数据管理模块，主要用于区域社会-经济-环境发展和区域空间信息的输入、存储和更新。环境风险模拟模块一般包括区域风险信息查询系统、大气污染物模拟系统、水体污染模拟系统、土壤污染模拟系统，主要功能可实现区域主要环境风险源的查询和跟踪，大气、水体和土壤污染物迁移扩散的时空动态模拟，定量划定污染物扩散范围，从而为区域环境风险事件的应急决策提供依据。应急库模块主要包括应急预案库、应急专家库和应急资源库等相关信息，主要功能是对应急预案、应急专家和应急资源等相关信息进行输入、更新和提取，便于环境风险事件发生后第一时间启动相应预案、调动相应资源开展应急处置工作，减少风险事件造成的危害。

3. 区域环境风险预警应急体系

区域环境风险预警应急体系由区域环境风险预警系统和应急系统两个部分组成。预警系统主要是在风险信息获取和分析的基础上，向风险管理者、公众和当事者提供预警信息。应急系统是在预警体系的基础上针对区域环境风险事件发生、发展过程采取应急措施，以减少风险事件造成的危害。

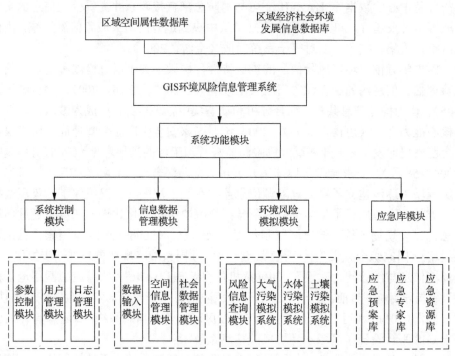

图 2-18　基于 GIS 的区域环境风险信息管理系统框架图

预警是环境风险管理的重要手段，在自然灾害管理中，预警已成为十分普遍而有效的工具，如暴雨预警、洪涝灾害预警等。区域环境风险预警系统是向区域风险管理者、公众及当事者提供警戒、警报及应急信息的重要工具。例如，吴宗之等（2005）认为加强化工园区企业重点风险源及污染物排放状况的监测和监控，推进园区环境自动监控预警能力建设，加强信息共享平台建设，建立化工园区环境监控预警系统，是降低化工园区环境风险，遏制环境污染事件发生，保护生态环境安全的重要措施之一。

区域环境风险应急系统一般包括以下组成部分：①基础信息库。建立区域自然、社会、经济、气象等基础数据库，并按各类数据更新周期实现动态更新，主要为区域环境风险管理提供基础数据支持；②环境风险信息采集系统。实现对不同类别的环境风险信息，如环境质量监测信息、环境风险源信息、建设项目管理信息和环境现场执法信息等进行采集及管理。信息采集一般是采用现场监测装置、移动采集设备及人工识别等终端采集方式自动采集；③环境风险实时监控与预警系统。基于采集数据库，根据预警规则，当指标接近或超过预警线时提前预警报告，进行分级预警；④环境预测模拟系统。根据预警系统提供的异常情况，以当时自动监测数据为基础，调用相应预测模型对周边环境受体进行影响预测，为事件应急管理提供决策信息；⑤警情快速流转与处理系统。异常发生后，快速在应急处置人员之间进行流转，报告相应责任人，便于后续应急响应，并进行跟踪处理，直至预警消除（范秀娟等，2014）。

　　区域环境风险包括突发性环境风险和累积性环境风险，二者的发生、发展过程、处理处置措施差异明显。累积性环境风险具有潜在性、作用周期长的特点，需要对各种风险因子进行长期的监测，而突发性环境风险具有偶发性的特点，风险发生特征明显，容易判断。所以，应针对突发性环境风险和累积性环境风险各自特点分别建立相应的区域环境风险预警应急体系。图 2-19 和图 2-20 所示为累积性环境风险预警应急体系框架和突发性环境风险预警应急体系框架。

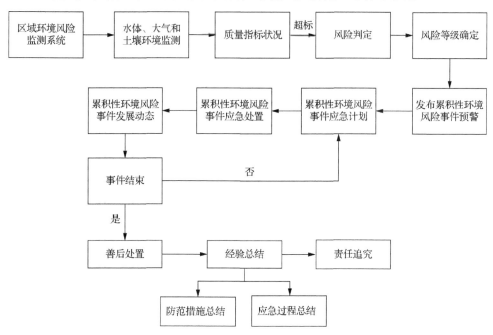

图 2-19　累积性环境风险预警应急体系框架

　　为保证预警发布的有效性，在发布预警信息时需要注意：①考虑到民众接受信息的途径和方式差异，信息发布方式应多样化，以保证最多的人得知风险信息；②在新媒体时代，信息传播速度快，但信息质量难以保证，容易导致谣言的产生和传播，因此风险信息的发布手段必须具有一定的权威性，保证民众能够认可信息的真实性；③风险信息容易引起民众的注意，而来自于新媒体的不确切信息，甚至虚假信息容易迅速传播开来，并形成负面的社会舆论。因此，来自官方的权威信息发布必须及时、动态，能随着风险水平的变化持续发布相关信息；④预警信息必须便于民众理解，难以被民众理解的信息无法达到有效预警的目的，如2012 年台风"海葵"到达上海之前，当地政府通过各大通信运营商发布了预警信息，采用了很多亲民语言和网络化语言，达到了很好的预警目的。

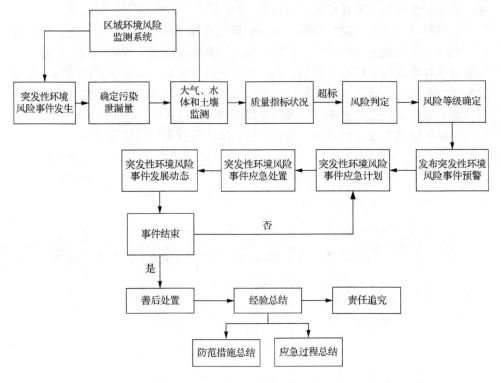

图 2-20　突发性环境风险预警应急体系框架

4. 区域环境风险交流

美国国家科学院对风险交流进行了定义，"风险交流是利益相关方之间交换信息和看法的相互作用过程"（National Academy of Science，1983）。该过程涉及多层面的风险性质及其相关信息，它不仅直接传递与风险有关的信息，还包括表达对风险事件的关注、意见及相应的反应，或者发布国家或机构在风险管理方面的法规和措施等（National Research Council，1989）。可见，环境风险交流是关于环境风险信息的调查、收集与传递过程（李明光等，2000），主要在决策制定者、相关专家和其他利益相关者之间传递、交换和共享相关风险的数据、信息与知识、风险评估结果与风险管理方法等方面的活动（张亦弛等，2011）。

从环境风险交流的概念来看，环境风险交流的主体是风险的接受者，包括风险管理决策层、风险管理实施者、风险管理监督者以及普通社会公众。风险交流的主要内容包括：①风险相关信息。例如，风险的严重性、紧急的风险状态、风险的发展态势、风险暴露概率或频率、风险受体特征、风险受体数量和规模、风险受体的空间分布等；②风险评估的不确定性。任何定性或者定量模型对环境风险的预测性评估都存在一定程度的不确定性。这种不确定性主要来自于原始数据的不确定性，也来自于任何模型都难以对客观世界实现完全精确的模拟；③风险评估过程。包括区域风险管理的目标、风险评估的标准、风险评估的方法、风险评估结果等；④风险管理策略选项。有效的风险交流的关键要素是要深入考虑什么策略、政策、管理或者行为方式将被用于风险管理，并将能有效用于风险管理。

风险交流是保障每个公民环境知情权的基本手段，也是成功实施环境风险管理的必要前提。环境风险管理的决策过程实质是在潜在风险和社会可接受风险的诸多影响因素之间的平衡过程，通过风险交流使重要的决策要素明朗化，从而指导各交流主体做出正确的决策。决策要素一般包括：①受影响公众的期望；②如何做好宣传，促使公众做出选择；③控制和减轻人体健康和生态风险的技术可能性；④建设单位或社会为此项目所需付出的代价；⑤采用危险性较小的替代方案的可行性；⑥加强管理措施的作用；⑦有关政策、法规的弹性。

2.6　本章小结

本章在现有区域环境风险研究基础上，系统梳理了区域环境风险理论框架、区域环境风险分析要素、流程及区域环境风险评估框架和区域环境风险分区的方法，并在现有区域环境风险管理的全过程管理策略和优先管理策略研究基础上，提出了区域环境风险差异化管理策略。

（1）区域环境风险系统包括风险源、风险控制系统和风险受体三个部分。

（2）区域环境风险发生包括风险因子释放过程、风险因子转运过程和风险受体暴露及受损过程。

（3）区域环境风险包括突发性环境风险和累积性环境风险，二者发生、发展过程、管理措施及作用机制具有明显差异。

（4）借鉴灾害风险管理领域采用由风险源危险性、暴露性和抗逆力三要素构成的风险三角形进行灾害风险度量的方法，风险源危险性、受体暴露性和受体抗逆力构成了区域环境风险基本要素，并提出区域环境风险评估包括区域环境风险综合评估、风险源危险性评估、风险受体暴露性评估和风险受体抗逆力评估。

（5）本章基于全过程管理理念和优先管理理念提出了区域环境风险差异化管理策略，该策略是针对区域之间及区域内部各部分环境风险大小及主要贡献因子的空间差异进行差异化管理。相对于优先管理和全过程管理理念，差异化管理策略具有针对性更强、效益更高的特点。

参 考 文 献

毕军，马宗伟，刘苗苗，等，2017. 我国环境风险管理的现状与重点[J]. 环境保护，45（5）：14-19.

毕军，杨洁，李其亮，2006. 区域环境风险分析和管理[M]. 北京：中国环境科学出版社.

曹国志，贾倩，王鲲鹏，等，2016. 构建高效的环境风险防范体系[J]. 环境经济（23）：53-58.

曹希寿，1991. 区域环境系统的风险评价与风险管理的综述[J]. 环境科学研究，4（2）：55-58.

陈可可，姚建，徐磊，2007. 清洁生产在区域开发协调发展的环境准入中的应用[J]. 再生资源研究（1）：24-28，36.

范秀娟，吉东旭，邓文英，2014. 城市环境风险监控预警系统的构建与应用研究[J]. 环境科学与管理，39（3）：8-12.

费振宇，孙宏巍，金菊良，等，2014. 近50年中国气象干旱危险性的时空格局探讨[J].水电能源科学（12）：5-10.

顾传辉，陈桂珠，2001. 浅议环境风险评价与管理[J]. 新疆环境保护，23（4）：38-41.

李明光，陈新庚，2000. 浅议环境风险交流[J]. 广州环境科学，15（4）：1-4.

毛政利，朱宝训，2007. 城市应急预案决策支持系统框架研究[J]. 测绘与空间地理信息，30（2）：8-11.

曲常胜，毕军，黄蕾，等，2010. 我国区域环境风险动态综合评价研究[J]. 北京大学学报（自然科学版），
　　46（3）：477-482.

屈艳萍，高辉，吕娟，等，2015. 基于区域灾害系统论的中国农业旱灾风险评估[J]. 水利学报，46（8）：908-917.

石祥雷，2011. 基于GIS的新沂经济开发区环境管理信息系统研究[D]. 南京：南京理工大学.

史培军，1991. 灾害研究的理论与实践[J]. 南京大学学报，27（11）：37-42.

史培军，1996. 再论灾害研究的理论与实践[J]. 自然灾害学报，5（4）：6-17.

史培军，2005. 四论灾害系统研究的理论与实践[J]. 自然灾害学报，14（6）：1-7.

史培军，2009. 五论灾害系统研究的理论与实践[J]. 自然灾害学报，18（5）：1-9.

史培军，2011. 对"区域灾害系统"本质的新认识[J]. 地理教育（5）：1.

谭华，2012. 突发事件灾害后果时空矩阵构建研究[D]. 大连：大连理工大学.

唐钧，2004. 建构全面整合的政府公共危机信息管理系统[J]. 信息化建设（10）：12-15.

王静静，2011. 沿海港口典型自然灾害风险分析与评估[D]. 上海：华东师范大学.

王静静，刘敏，权瑞松，等，2012. 沿海港口自然灾害风险评价[J]. 地理科学，32（4）：516-520.

王伟，2007. 公共危机信息管理体系构建与运行机制研究[D]. 长春：吉林大学.

王铮，2015. 基于承灾体的区域灾害风险及其评估研究[D]. 大连：大连理工大学.

韦茜，邵超峰，鞠美庭，2010. 基于全面风险管理的环境风险信息系统（ERIS）建设研究[J]. 环境污染与防治，
　　32（2）：101-105.

吴宗之，魏利军，2005. 重大危险源辨识与监控是企业建立事故应急体系的基础[J]. 中国安全生产科学技术，
　　1（6）：58-62.

徐寅峰，马丽娟，刘德海，2005. 信息交流在公共卫生突发事件处理中作用的博弈分析[J]. 系统工程，23（1）：21-27.

杨洁，毕军，李其亮，等，2006. 区域环境风险区划理论与方法研究[J]. 环境科学研究，19（4）：132-137.

杨小林，李义玲，2015. 基于客观赋权法的长江流域环境风险时空动态综合评价[J]. 中国科学院大学学报，32（3）：
　　349-355.

尹占娥，2009. 城市自然灾害风险评估与实证研究[D]. 上海：华东师范大学.

余游，2006. 突发性环境事件应急处置信息平台研究[D]. 重庆：西南大学.

张斌，赵前胜，姜瑜君，2010. 区域承灾体脆弱性指标体系与精细量化模型研究[J]. 灾害学，25（2）：36-40.

张继权，冈田宪夫，多多纳裕一，2006. 综合自然灾害风险管理：全面整合的模式与中国的战略选择[J]. 自然灾害
　　学报，15（1）：29-37.

张廷竹，2006. 国内外事故应急救援预案管理概况[J]. 浙江化工，37（7）：9-11.

张亦弛，刘俐，董小林，等，2011. 风险交流在污染场地管理中的应用[J]. 环境污染与防治，33（8）：103-110.

周蓉蓉，陈晨，2016. 基于 GIS 平台的甬江口水域环境风险信息系统研究[J]. 科技展望，26（35）：89-90.

周悦先，高艳萍，2009. 区域清洁生产评价模式探讨[J]. 广州环境科学，24（2）：45-48.

INTERGOVERNMENTAL PANEL ON CLIMATE CHANGE，2007. Climate Change 2007: impacts, adaptation and vulnerability contribution of working group 2 to the fourth assessment report of the intergovernmental panel on climate change[R]. Cambridge: Cambridge University Press.

NATIONAL ACADEMY OF SCIENCE, 1983. Risk assessment in the federal government: managing the process[R]. Washington D.C.: U.S. National Academy Press.

NATIONAL RESEARCH COUNCIL, 1989. Improving risk communication[R]. Washington D.C.: National Academy Press.

第3章 环境风险评价的理论与方法

借助合适的风险评估模型，对多个因素决定的环境风险进行综合分析，建立各种参数之间的关系和联系是环境风险评价的主要工作之一。然而，由于评价对象尺度不同涉及的因素差异较大，数据样本的获取难易程度也不同，需要有针对性地选用评价模型和方法。例如，道（DOW）化学火灾、爆炸指数法能对微观尺度的工艺装置及所含物料的潜在火灾和爆炸危险性进行客观评价；传统的概率统计模型较适用于具有大样本数据支持的风险评价（汤庆合等，2010）；信息扩散理论则可以建立风险评价模型对小样本数据进行处理，从中获得较为可靠的风险评价结果（朱晓敏等，2012）；在只有主观评价意见和数据的情况下，层次分析法和模糊综合评判法具有较好的表现；在具备较为准确的定量数据情况下，纵一横向拉开档次法、熵权法等客观赋权法往往具有较好的表现（杨小林等，2015；邵磊等，2010）。

3.1 微观尺度环境风险评价常用方法

目前，国内外关于建设项目、特殊工艺、特殊设备等微观尺度环境风险的评价方法有十几种，其中常见的评价方法主要包括检查表法、风险清单法、道化学火灾、爆炸指数法、蒙德法等。以下进行简要介绍。

3.1.1 检查表法

检查表法是根据安全检查表，将检查对象按照一定的标准给出分数，对于重要的项目给予较高的分值，对于次要项目确定较低分值，总分100分。然后根据每一个检查项目的实际情况评定一个分数，当每一检查对象满足相应条件时，才能得到该项目的满分；当不满足条件时，按照一定的标准将得到低于满分的评定分，所有项目的评定综合分不得超过100分。由此，根据被检查对象的综合得分，确定风险程度和等级。

检查表通常是凭借经验编制的一个危险、风险或者控制故障的清单，用于识别潜在危险、风险或者评估控制效果，适用于产品、过程或者系统生命周期的任何阶段。一般检查表包括：①活动或者项目，即运用检查表进行风险识别及所涉及的范围和业务过程等；②检查项目，即针对具体的活动或项目，凭借以前活动或项目中所遇到的风险，形成检查项目的模板或者问题清单；③检查结论，包括检查后的判断和结论描述，即针对每个检查项目在组织实际运行中的事实进行描述和判断计量；④参考文件，包括标准和规范等。

检查表法具有简单明了、非专业人士也可使用、常见问题不会遗漏等优点。但是，检查表法只能进行定性分析，因此可能会限制风险识别过程中的想象力，不利于发现以往没有观察到的问题。

3.1.2　风险清单法

风险清单法是根据系统工作的分析思想，在对系统进行深入分析的基础上，找出所有可能存在的环境风险源，然后以提问的形式将这些风险因素列在表格中。风险清单一般是由专业人士设计的标准表格和文件，全面列出风险系统可能面临的所有风险。风险清单的编制程序一般包括四个步骤：①将风险系统分解成若干子系统；②运用故障树，查出引起风险事件的风险因素，作为风险清单的基本检查项目；③针对风险因素，查找有关控制标准和规范；④根据风险因素的风险程度，一次性列出问题清单。风险清单一般由序号栏、安全检查项目栏、判断栏和备注栏四个部分组成。

风险清单法的主要优点在于经济方便，适合初次构建风险管理的单位或者缺乏专业风险管理人员的企业使用，可以帮助企业识别基本的风险，并降低忽略重大环境风险源的可能性。不足之处主要体现在其未完全包括特殊企业面临的特殊风险，清单只考虑纯粹风险，未能考虑投机风险方面。

3.1.3　道化学火灾、爆炸指数法

道化学火灾、爆炸指数法是由美国道化学公司 1964 年提出的化学物品危险程度分类法。DOW 方法是根据单元物质系数（material factor，MF）、工艺条件（一般工艺危险系数 F_1 和特殊工艺危险 F_2），通过一系列系数计算［单元火灾爆炸指数 $F\&EI$、影响区域、破坏系数等］确定单元火灾爆炸危险程度（最大可能财产损失、采取安全措施后的最大可能财产损失、最大可能工作日损失和停产损失等），并与安全指标比较，判定事故损失能否被接受的评价方法（图 3-1）。道化学火灾、爆炸指数法主要用于生产、贮存、处理易燃易爆、化学性质活泼物质的化工过程和其他有关工艺过程（如污水处理、整流、变压、锅炉、发电等设备装置等）的风险评价（毛桂英，2009）。

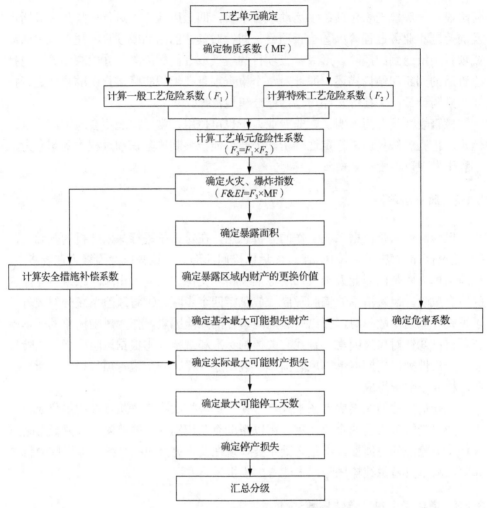

图 3-1 道化学火灾、爆炸指数法评价流程

3.1.4 蒙德法

英国帝国化学公司蒙德部在道化学火灾、爆炸指数法基础上对道三版做了重要的改进和扩充。扩充的内容主要包括：①增加了毒性的概念和计算；②发展了某些补偿系数；③增加了几个特殊工程类型的危险性；④对较广范围内的工程及储存设备进行研究（代利明等，2006）。

3.2 宏观尺度环境风险评价常用方法

区域环境风险评价时要选取合适的研究区域，评价的风险因素因区域开发性质和类型、区域环保目标和标准、环保敏感目标的不同而异，所以各风险因素的评价和综合评价的方法有所不同。目前，区域环境风险评价的方法包括定性评价法、半定量评价法和定量评价法。综合起来，可归纳为以下几种：

（1）逻辑分析类评价法。该方法主要通过分析事故源项，求取各风险因素的风险"相对大小"，即衡量对区域综合风险的"贡献"，如层次分析法、故障树、事故树等是区域环境风险评价中常见的逻辑分析方法。

（2）统计类评价法。该类方法主要通过收集历史环境污染事件相关历史数据，利用统计分析的方法求取类似事件发生的概率，即"依旧推新"。

（3）公式类评价法。该方法主要通过对事故的模拟分析，推导或实验得出经验公式，利用公式计算出风险大小，并通过进一步实验和观测，对公式逐步修正。例如，利用大气扩散模型评价有毒气体的泄漏风险，利用水体迁移扩散模型评价污染物在水中的迁移扩散风险；采用暴露危害计算公式评价人体健康风险。

（4）模糊数学类评价法。区域环境风险涉及复杂的因果关系，往往用精确的方法难以解决，风险在大与小之间没有明显的界线，模糊数学恰恰能够表达这种差异的中间过渡性，能较为客观地刻画出风险的大小（贺颖，2008），如模糊综合评价法是区域环境风险评价中常用的模糊数学类评价法。

（5）图形叠加类评价法。单因素环境风险评价结果有时需要采用图形表达，如有毒有害气体的泄漏扩散一般绘制气体浓度等值线图表达危险性大小。在风险综合评价时，将各单个环境风险因素的风险分布图进行合理叠加，得到整个评价区域不同功能区的风险相对大小。

以下介绍几种较为常见的区域环境风险评估方法。

3.2.1 模糊综合评价法

在客观世界中，存在着大量的模糊概念和模糊现象。模糊数学就是试图用数学工具解决模糊事物方面的问题。模糊综合评价法属于常见的模糊数学类评价方法，是借助模糊数学的概念，对实际问题进行综合评价的一种方法。具体而言，模糊综合评价就是以模糊数学为基础，应用模糊关系合成的原理，将一些边界不清、不易定量的因素定量化，从多个因素对被评价事物隶属等级状况的角度实现综合性评价的一种方法。

模糊综合评价法的基本原理如下：首先，确定被评价对象的因素（指标）集合评价（等级）集；其次，分别确定各个因素的权重及它们的隶属度向量，获得模糊评价矩阵；最后，把模糊评价矩阵与因素的权向量进行模糊运算并进行归一化，得到模糊综合评价结果。

模糊综合评价法的构建可归纳为以下步骤。

1. 建立评价对象因素集

建立评价对象因素集 $U = (u_1, u_2, \cdots, u_m)$，即对被评价对象从 m 个评价方面进行评判描述。

2. 建立确定评语等级论域

评语集是评价者对被评价对象可能做出的各种总评价结果组成的集合，用 V 表示：

$$V = (v_1, v_2, \cdots, v_n) \tag{3-1}$$

式中，v_i 代表第 i 个评价等级；n 为评价等级的个数。具体等级可依据评价内容用适当的语言进行描述，如评价产品的竞争力可用 $V = \{强、中、弱\}$，评价地区的社会经济发展水平可用 $V = \{高、较高、一般、较低、低\}$，评价经济效益可用 $V = \{好、较好、一般、较差、差\}$ 等。

3. 进行单因素评价，建立模糊关系矩阵 R

从一个因素出发进行评价，确定评价对象对评价集合 V 的隶属程度，称为单因素模糊评价。在构造等级模糊子集后，要对被评价对象的每个因素 u_i ($i = 1, 2, \cdots, m$)进行逐个量化，也就是从单因素角度确定被评价对象对各等级模糊子集的隶属度，进而得到模糊关系矩阵为

$$R = \begin{pmatrix} r_{11} & r_{12} & \cdots & r_{1n} \\ r_{21} & r_{22} & \cdots & r_{2n} \\ \vdots & \vdots & & \vdots \\ r_{m1} & r_{m2} & \cdots & r_{mn} \end{pmatrix} \tag{3-2}$$

式中，$r_{ij}(i = 1, 2, \cdots, m; j = 1, 2, \cdots, n)$ 表示某个被评价对象从因素 u_i 来看对 v_i 等级模糊子集的隶属度。被评价对象在某个因素 u_i 方面的表现是通过模糊向量 $r_i = (r_{i1}, r_{i2}, \cdots, r_{im})$ 刻画，r_i 又称为单因素评价矩阵，可以看成因素集 U 和评价集 V 之间的一种模糊关系，即影响因素与评价对象之间的合理关系。

在确定隶属关系时，通常是由专家或与评价问题相关的专业人员依据评判等级对评价对象进行打分，并统计打分结果，然后可根据绝对值减数法求得 r_{ij}，即

$$r_{ij} = \begin{cases} 1 & i = j \\ 1 - c \sum_{k=1}^{} |x_{ik} - x_{jk}| & i \neq j \end{cases} \tag{3-3}$$

式中，c 可以适当选取，使 $0 \leqslant r_{ij} \leqslant 1$。

4. 确定评价因素的模糊权向量

为了反映各因素的重要程度，对各因素 u_i 分配一个相应的权数 $a_i(i=1,2,\cdots,m)$，通常要求 a_i 满足 $a_i \geqslant 0$；$\sum a_i = 1$，表示第 i 个指标因素的权重，再由各权重组成的一个模糊集合 A 就是权重集。

在进行模糊综合评价时，权重对最终的评价结果会产生很大的影响，不同的权重有时将会得到完全不同的结论。一般可采用层次分析法、德尔菲法、加权平均法、专家估计法等方法确定指标权重。

5. 多因素综合评价

利用合适的合成算子将权重集 A 与模糊关系矩阵 R 进行合成，获取各被评价对象的模糊综合评价结果向量 B。R 中不同的行反映了某个被评价对象从不同的单因素来看对各等级模糊子集的隶属程度。用权重集 A 将不同的行进行综合，便得到该被评价对象从总体上对各等级模糊子集的隶属程度，即模糊综合评价结果向量 B。

模糊综合评价的模型为

$$B = A \circ R = (a_1, a_2, \cdots, a_m) \begin{pmatrix} r_{11} & r_{12} & \cdots & r_{1n} \\ r_{21} & r_{22} & \cdots & r_{2n} \\ \vdots & \vdots & & \vdots \\ r_{m1} & r_{m2} & \cdots & r_{mn} \end{pmatrix} = (b_1, b_2, \cdots, b_n) \qquad (3\text{-}4)$$

式中，$\circ$ 表示模糊运算符；$b_j(j=1,2,\cdots,n)$ 由 A 与 R 的第 j 列运算得到，表示被评级对象从整体上对 v_i 等级模糊子集的隶属程度。

当问题比较复杂时，可仿照二级综合评价的模式进行多级综合评价。二级模糊综合评价的单因素评价矩阵就是一级模糊综合评价矩阵，即

$$R = \begin{pmatrix} B_1 \\ B_2 \\ \vdots \\ B_n \end{pmatrix} = \begin{pmatrix} A_1 \circ R_1 \\ A_2 \circ R_2 \\ \vdots \\ A_n \circ R_n \end{pmatrix} \qquad (3\text{-}5)$$

于是，二级模糊综合评价矩阵为

$$B = A \circ R = A \circ \begin{pmatrix} A_1 \circ R_1 \\ A_2 \circ R_2 \\ \vdots \\ A_n \circ R_n \end{pmatrix} = A \circ \begin{pmatrix} B_1 \\ B_2 \\ \vdots \\ B_n \end{pmatrix} = A \circ (b_{ij})_{n \times m} \qquad (3\text{-}6)$$

6.　对模糊综合评价结果进行分析

模糊综合评价的结果是被评价对象对各等级模糊子集的隶属度，它一般是一个模糊向量，而不是一个点值，因而能提供的信息比其他方法更丰富。对多个评价对象比较并排序，计算每个评价对象的综合分值，按大小排序，按序择优。

模糊综合评价法是通过精确的数字手段处理模糊的评价对象，能对蕴藏信息呈现模糊性的资料做出比较科学、合理、贴近实际的量化评价；评价结果包含的信息比较丰富，既可以比较准确地刻画被评价对象，又可以进一步加工，得到参考信息。其缺点主要表现如下：计算复杂，对指标权重向量的确定主观性较强；当指标集 U 较大，即指标集个数较多时，在权向量和为 1 的条件约束下，相对隶属度权系数往往偏小，权向量与模糊矩阵 R 不匹配，结果会出现超模糊现象，分辨率变差，无法区分谁的隶属度更高，甚至造成评价失败（张明智，1997）。

3.2.2　层次分析法

由于系统的复杂性，人们对系统内部各种因素的影响强度判断十分困难，若将它们进行有效分解成为一系列的两两因素的比较后再集成，便可有效解决此类问题。这种将系统内部元素进行分层分析的方法是由 Satty（1980）于 20 世纪 70年代提出的层次分析法，它是一种定性和定量相结合、系统化和层次化的分析方法（李艳萍等，2014），主要解决由众多因素构成且因素之间相互关联、相互制约并缺少定量数据的系统分析问题（Satty，1980）。在风险评价过程中，层次分析法主要是用于从专家两两比较中提炼出供模糊综合评价使用的权重向量，本质上是模糊综合评价模型的组成部分。首先，层次分析法根据问题的性质和要求达到的总体目标，将问题分解成不同层次分目标、子目标，并按照目标间的相互关联影响和隶属关系分组，形成层次结构，通过两两比较的方式确定层次中诸多目标的相对重要性；其次，通过测定和估计各部分对系统整体的影响，综合给出所需的结果。

层次分析法建模大体分为四个步骤：①建立递阶层次结构模型；②构造各层次中的判断矩阵；③层次单排序及一致性检验；④层次总排序及一致性检验。层次分析法为问题的决策和排序提供了一种简洁且实用的建模方法，已广泛应用于环境风险评价领域（陈晓飞等，2012；邵磊等，2010；胡二邦，2009）。

1.　建立递阶层次结构模型

递阶层次结构模型的构造过程是对事物进行解剖的过程，递阶层次的最上层次为目标的焦点，一般称为目标层，仅包含一个元素，目标层的下一层可包含多个元素，相邻两层的对应元素按照某种规则进行重要性排定。所有同一层次中的元素具有同等级差的量值，如果它们的差别较大，则分属于不同层次。通过构建递阶层次结构模型，可得到分层次结构示意图（图 3-2）和分层次结构体系（图 3-3）。

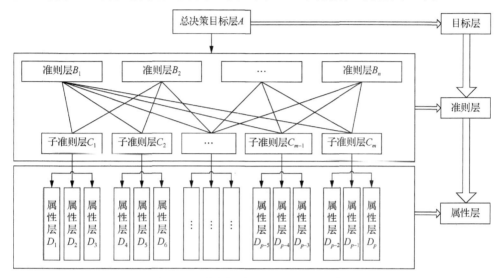

图 3-2　层次分析法的分层次结构示意图

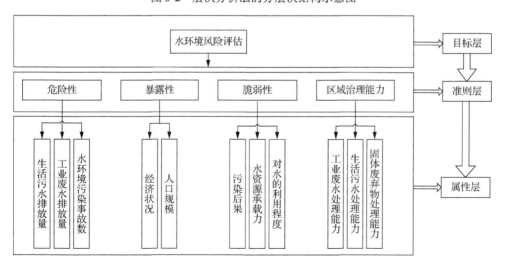

图 3-3　层次分析法的分层次结构体系

2. 构造判断矩阵

以上一级的要素为准则对同一层次的要素进行两两比较，并确定其相对重要性程度，最后根据此建立判断矩阵。例如，假定上一级的要素为 A，同一级层次

的要素为 B_1，B_2，$\cdots$，B_n，则构造出的判断矩阵为 $\boldsymbol{R}_A$，即

$$
\boldsymbol{R}_A = \begin{array}{c} \\ B_1 \\ B_2 \\ \vdots \\ B_n \end{array} \begin{array}{c} B_1 \quad B_2 \quad \cdots \quad B_n \\ \begin{bmatrix} r_{11} & r_{12} & \cdots & r_{1n} \\ r_{21} & r_{22} & \cdots & r_{2n} \\ \vdots & \vdots & \vdots & \vdots \\ r_{n1} & r_{n2} & \cdots & r_{nn} \end{bmatrix} \end{array} \tag{3-7}
$$

式中，矩阵 $\boldsymbol{R}_A$ 中的元素 r_{ij} 表示元素 B_i 对 A 的影响比元素 B_j 的重要程度，r_{ij} 的值可以参考对照表 3-1 给出（Satty，2008）。例如，$r_{23}=7$ 表示 B_2 比元素 B_3 要强烈重要。

表 3-1　AHP 法常用的判断尺度表

重要性标度	含义
1	表示两个元素相比，具有同等重要性
3	表示两个元素相比，前者比后者稍重要
5	表示两个元素相比，前者比后者明显重要
7	表示两个元素相比，前者比后者强烈重要
9	表示两个元素相比，前者比后者极端重要
2、4、6、8 和倒数	表示上述判断的中间值，分数做类似解释

3. 层次单排序及一致性检验

确定各要素的重要性是从判断矩阵 $\boldsymbol{R}_A$ 中取出同一层相关因素的权向量，即确定 B_1，B_2，$\cdots$，B_n 对上一级的要素 A 的权重，也称为层次单排序，可以归结为计算判断矩阵 $\boldsymbol{R}$ 的特征根 λ 和特征向量 $\boldsymbol{W}$ 的问题：

$$
\boldsymbol{RW} = \lambda \boldsymbol{W} \tag{3-8}
$$

将式（3-8）进行转化，便可得到以下线性方程组：

$$
(\lambda \boldsymbol{I}_n - \boldsymbol{R})\boldsymbol{W} = 0 \tag{3-9}
$$

式中，$\boldsymbol{I}_n$ 为 n 阶单位矩阵。

解上述线性方程，可求出向量 $\boldsymbol{W}$。其最大特征根 $\lambda_{\max}$ 对应的向量即为所求权重。

例如，假设在某个问题中，第 2 层 B 的各个因素 B_1、B_2、B_3、B_4、B_5 对总目标层 A 的影响两两比较结果如下（表 3-2）。

表 3-2　两两比较判别矩阵

A	B_1	B_2	B_3	B_4	B_5
B_1	r_{11}	r_{12}	r_{13}	r_{14}	r_{15}
B_2	r_{21}	r_{22}	r_{23}	r_{24}	r_{25}
B_3	r_{31}	r_{32}	r_{33}	r_{34}	r_{35}
B_4	r_{41}	r_{42}	r_{43}	r_{44}	r_{45}
B_5	r_{51}	r_{52}	r_{53}	r_{54}	r_{55}

则可构建成对比较矩阵，即

$$\boldsymbol{R}_A = (r_{ij})_{n \times n} = \begin{bmatrix} r_{11} & r_{12} & r_{13} & r_{14} & r_{15} \\ r_{21} & r_{22} & r_{23} & r_{24} & r_{25} \\ r_{31} & r_{32} & r_{33} & r_{34} & r_{35} \\ r_{41} & r_{42} & r_{43} & r_{44} & r_{45} \\ r_{51} & r_{52} & r_{53} & r_{54} & r_{55} \end{bmatrix} = \begin{bmatrix} 1 & 1/2 & 4 & 3 & 3 \\ 2 & 1 & 7 & 5 & 5 \\ 1/4 & 1/7 & 1 & 1/2 & 1/3 \\ 1/3 & 1/5 & 2 & 1 & 1 \\ 1/3 & 1/5 & 3 & 1 & 1 \end{bmatrix} \quad （3\text{-}10）$$

当两两比较矩阵 $\boldsymbol{R}_A = (r_{ij})_{n \times n}$ 满足以下条件时，

$$r_{ij} > 0 , \quad r_{ij} = \frac{1}{r_{ji}} , \quad r_{ii} = 1 \quad （3\text{-}11）$$

则称两两比较矩阵 $\boldsymbol{R}_A = (r_{ij})_{n \times n}$ 为正互反阵。

然后，计算成对称矩阵 $\boldsymbol{R}_A$ 的最大特征值 $\lambda_{\max}$。通过式（3-10）计算可得 $\lambda_{\max}$ 等于 5.073，$\lambda_{\max}$ 对应的特征值进行归一化处理得到

$$\boldsymbol{W} = (w_1, w_2, w_3, w_4, w_5) = (0.263, 0.475, 0.055, 0.099, 0.110) \quad （3\text{-}12）$$

当 n 阶正互反阵 $\boldsymbol{R}_A = (r_{ij})_{n \times n}$ 的最大特征值 $\lambda_{\max} \geqslant n$ 时，当且仅当 $\lambda_{\max} = n$ 时 $\boldsymbol{R}_A = (r_{ij})_{n \times n}$ 为一致阵。

由于 λ 的连续依赖于 r_{ij}，$\lambda_{\max}$ 比 n 大的越多，$\boldsymbol{R}_A = (r_{ij})_{n \times n}$ 的不一致性越严重，用最大特征值对应的特征向量作为被比较因素对上层某因素影响程度的权向量，其不一致程度越大，引起的判断误差越大。因而可以用 $\lambda_{\max} - n$ 的数值大小来衡量 $\boldsymbol{R}_A = (r_{ij})_{n \times n}$ 的不一致程度。

计算两两比较矩阵的一致性步骤如下：

（1）计算一致性指标 CI，其定义为

$$CI = \frac{\lambda_{\max} - n}{n - 1}$$

式中，n 为比较矩阵的阶数。

（2）计算平均随机一致性指标 RI：RI 是多次重复进行随机判断矩阵特征值计算后取算数平均数的结果。例如，随机构造 500 个成对比较矩阵 $\boldsymbol{R}_1, \boldsymbol{R}_2, \boldsymbol{R}_3, \cdots, \boldsymbol{R}_{500}$，可得到一致性指标 $CI_1, CI_2, CI_3, \cdots, CI_{500}$。

$$RI = \frac{CI_1 + CI_2 + \cdots + CI_{500}}{500} = \frac{\dfrac{\lambda_1 + \lambda_2 + \cdots + \lambda_{500}}{500} - n}{n - 1} \quad （3\text{-}13）$$

则随机一致性 RI 的数值见表 3-3。

表 3-3　层次分析法中用检验判断矩阵的检验系数表

阶数 n	1.00	2.00	3.00	4.00	5.00	6.00	7.00	8.00	9.00	10.00	11.00
RI	0.00	0.00	0.58	0.90	1.12	1.24	1.32	1.40	1.45	1.49	1.52

（3）计算一致性比率 CR ，即

$$CR = \frac{CI}{RI} \qquad (3\text{-}14)$$

一般情况下，当一致性比率 $CR = \frac{CI}{RI} < 0.1$ 时，认为矩阵 $\boldsymbol{R}_A$ 的不一致程度在容许范围之内，可用其归一化特征向量作为权向量，即判断矩阵具有令人满意的一致性，质量较好。若有 $CR = 0$，认为是完全一致，质量最好。否则需要重新构造成对比较矩阵，对 $\boldsymbol{R}_A$ 加以调整。上述例子中，

$$CI = \frac{5.073 - 1}{5 - 1} = 0.018$$

$$RI = 1.12$$

$$CR = \frac{CI}{RI} = \frac{0.018}{1.12} = 0.016 < 0.1$$

由于 $CR < 0.1$，表明矩阵 $\boldsymbol{R}_A$ 通过了一致性检验。

4. 层次总排序及一致性检验

由各层次相关的权值相乘，可以合成总的权向量。设最底层属性层 D 在最后一层的权值为 w，再设该属性层 D 在最后一个准则层中的权值为 a_1，又设该属性层 D 在上一个准则层的权值为 a_2，以此类推，最后设属性层在第一个准则层中其权值为 a_k。

属性层 D 针对目标的总权值为

$$w_D = w \times a_1 \times a_2 \times \cdots \times a_k \qquad (3\text{-}15)$$

如图 3-1 中假定属性层共有 n 个要素，则该层次的一致性，可用式（3-16）和式（3-17）分别计算出总体的 CI 和 RI，然后计算一致性比率进行检验。

$$CI_{总} = \sum_{1 \leqslant j \leqslant m} w_j CI_j \qquad (3\text{-}16)$$

$$RI_{总} = \sum_{1 \leqslant j \leqslant m} w_j RI_j \qquad (3\text{-}17)$$

层次分析法在风险评价中把研究对象作为一个整体系统，按照分解、比较判断、综合的思维方式进行决策，是继机理分析、统计分析之后系统分析的重要工具，它将定性和定量方法结合起来，能处理许多用传统最优化技术方法无法解决的实际问题，而且层次分析法的原理易掌握，计算非常简便，所得结果简单明确，容易被决策者了解和掌握，应用十分广泛。但是，层次分析法只能从原有方案中择优选择方案，无法得到更好的新方案，而且从建立层次结构模型到给出成对比较矩阵，人为主观因素影响很大，主观性强，使最终结果难以让所有决策者接受。通过采取专家群体判断的办法是克服该缺点的一种途径，而且在风险评价过程中，针对层次结构中的要素，人为主观取舍要有更多依据。

3.2.3　纵—横向拉开档次法

当通过理论分析不能确定各指标权重时，可以转换思路，基于数据自身特性来解决确定。纵—横向拉开档次法是一种针对面板数据集求解多指标对应权重的有效方法，其基本思想是最大限度地从横向和纵向两个方面体现评价对象的差异性（魏明华等，2010）。

假设，有 n 个被评价对象 s_1, s_2, $\cdots$, s_n, m 个评价指标 x_1, x_2, $\cdots$, x_m, 且按时间顺序 t_1, t_2, $\cdots$, t_N 排放构成时序立体面板数据 $\{x_{ij}(t_k)\}$（表 3-4），对原始数据 $\{x_{ij}(t_k)\}$ 进行同向一致化、无量纲化处理后得到 $\{x_{ij}^*(t_k)\}$, 采用线性综合，便可得到 n 个被评价对象的评价函数：

$$y_i(t_k) = f[\omega_1(t_k), \omega_2(t_k), \cdots, \omega_m(t_k); x_{i1}(t_k), x_{i2}(t_k), \cdots, x_{im}(t_k)]$$

$$k=1,2,\cdots,N; \ i=1,2,\cdots,n; \ j=1,2,\cdots,m \qquad (3\text{-}18)$$

式中，$y_i(t_k)$ 为评价对象 s_i 在时刻 t_k 处的综合评价值。

表 3-4　时序立体数据表

对象	时间 t_1				$\cdots$	时间 t_N			
	指标 x_1	指标 x_2	$\cdots$	指标 x_m	$\cdots$	指标 x_1	指标 x_2	$\cdots$	指标 x_m
s_1	$x_{11}(t_1)$	$x_{12}(t_1)$	$\cdots$	$x_{1m}(t_1)$	$\cdots$	$x_{11}(t_N)$	$x_{12}(t_N)$	$\cdots$	$x_{1m}(t_N)$
s_2	$x_{21}(t_1)$	$x_{22}(t_1)$	$\cdots$	$x_{2m}(t_1)$	$\cdots$	$x_{21}(t_N)$	$x_{22}(t_N)$	$\cdots$	$x_{2m}(t_N)$
$\vdots$	$\vdots$	$\vdots$	$\vdots$	$\vdots$	$\vdots$	$\vdots$	$\vdots$	$\vdots$	$\vdots$
s_n	$x_{n1}(t_1)$	$x_{n2}(t_1)$	$\cdots$	$x_{nm}(t_1)$	$\cdots$	$x_{n1}(t_N)$	$x_{n2}(t_N)$	$\cdots$	$x_{nm}(t_N)$

假定对原始数据 $\{x_{ij}(t_k)\}$ 进行了指标类型一致化、无量纲化处理，且假定评价指标 x_1, x_2, $\cdots$, x_m 均是极大型指标，$\{x_{ij}^*(t_k)\}$ 是经过无量纲化处理了的标准数据。因此，应合理地、充分地挖掘 $\{x_{ij}^*(t_k)\}$ 所提供的信息确定权重系数 ω_j (j=1, 2, $\cdots$, m)，并对 s_1, s_2, $\cdots$, s_n 在 t_k (k=1, 2, $\cdots$, N) 处的运行发展状况进行客观且不含主观色彩的综合评价及排序。对于时刻 t_k (k=1, 2, $\cdots$, N)，取评价函数为

$$y_i(t_k) = \sum_{j=1}^{m} \omega_j x_{ij}^*(t_k) \qquad (3\text{-}19)$$

式中，ω_j 为指标 j 的权重；$y_i(t_k)$ 为对象 s_i 在时刻 t_k 处的综合评价值。

确定权重系数 ω_j (j=1, 2, $\cdots$, m) 的原则是在时序立体数据表上尽可能地体现出被评价对象之间的差异。而 s_1, s_2, $\cdots$, s_N 在时序立体数据表 $\{x_{ij}^*(t_k)\}$ 上的整体性差异，可用 $y_i(t_k)$ 的总离差平方和表示，即

$$\sigma^2 = \sum_{k=1}^{N} \sum_{i=1}^{n} [y_i(t_k) - \bar{y}]^2 \qquad (3\text{-}20)$$

由于原始数据已进行同向一致化和无量纲化等一系列标准化处理，则有

$$\bar{y} = \frac{100}{N} \sum_{k=1}^{N} \left(\frac{1}{n} \sum_{i=1}^{n} \sum_{j=1}^{m} \omega_j x_{ij}(t_k) \right) = 0 \tag{3-21}$$

从而使

$$\sigma^2 = \sum_{k=1}^{N} \sum_{i=1}^{n} [y_i(t_k) - \bar{y}]^2 = \sum_{k=1}^{N} \sum_{i=1}^{n} [y_i(t_k)]^2 = \sum_{k=1}^{N} (\boldsymbol{\omega}^{\mathrm{T}} \boldsymbol{H} \boldsymbol{\omega}) = \boldsymbol{\omega}^{\mathrm{T}} \sum_{k=1}^{N} H_k \boldsymbol{\omega} = \boldsymbol{\omega}^{\mathrm{T}} \boldsymbol{H} \boldsymbol{\omega}$$
$$\tag{3-22}$$

式中，$\boldsymbol{\omega} = (\omega_1, \omega_2, \cdots, \omega_m)^{\mathrm{T}}$；$\boldsymbol{H} = \sum_{k=1}^{N} H_k$ 为 $m \times m$ 阶的对称矩阵。而 $H_k = A_k^{\mathrm{T}} A_k$（$k=1$，2，$\cdots$，$N$），且

$$A_k = \begin{pmatrix} x_{11}(t_k) & x_{12}(t_k) & \cdots & x_{1m}(t_k) \\ x_{21}(t_k) & x_{22}(t_k) & \cdots & x_{2m}(t_k) \\ \vdots & \vdots & & \vdots \\ x_{n1}(t_k) & x_{n1}(t_k) & \cdots & x_{nm}(t_k) \end{pmatrix} \tag{3-23}$$

显然，若 $\boldsymbol{\omega}$ 不加限制时，式（3-22）可取任意大的值。此处，限定 $\boldsymbol{\omega}^{\mathrm{T}} = \boldsymbol{\omega} = 1$，当取 $\boldsymbol{\omega}$ 为矩阵 $\boldsymbol{H}$ 的最大特征值 $\lambda_{\max}(\boldsymbol{H})$ 所对应的标准特征向量时，σ^2 取得最大值。纵—横向拉开档次法所确定的权重系数就是矩阵 $\boldsymbol{H}$ 的最大特征值所对应的特征向量，并将其归一化处理后的结果。

纵—横向拉开档次法不同于层次分析法和模糊综合评判法，该方法属于客观赋权法，其主要根据指标数据之间的差异自动确定权重系数，各个指标在权重的确定过程中人为因素影响较小，客观性较强（郭亚军等，2007）。不足之处在于对定量化数据要求非常高，数据往往难以获取并限制其应用（王常凯等，2016；杨小林等，2015；魏明华等，2010；岳立等，2013）。

本节以长江流域青海、西藏、四川、云南、重庆、湖北、湖南、江西、安徽、江苏、上海、贵州、甘肃、陕西、河南、广西和浙江 17 个省区市的区域环境风险受体脆弱性评估作为分析案例，构建评价指标体系，介绍纵—横向拉开档次法的使用过程，由于篇幅有限，以下以长江流域各省区市某年的数据为例开展分析。相关指标数据主要来源于某年的《中国统计年鉴》。

1. 脆弱性评价指标体系构建

区域环境风险系统中风险受体通常包括人群、社会经济、生态环境等（李博等，2012）。因此，以不同风险受体的暴露性和抗逆力为评价视角，按照系统性及稳定性原则、差异性原则、现实性原则选取代表性指标，构建区域环境风险受体脆弱性评价指标体系（表3-5）。暴露性和抗逆力是环境风险受体脆弱性的基本构成要素（张蕾等，2011）。因此，环境风险受体脆弱性是由受体暴露性和抗逆力

相互制约和影响的结果，且脆弱性是暴露性和抗逆力构成的复合函数，与暴露性呈正比，与抗逆力呈反比，可通过以下脆弱性概念模型表示（后面的内容中有详细介绍，此处不再赘述）：

$$V_e = f(S_e) / f(A_e) \tag{3-24}$$

式中，V_e 表示环境风险受体脆弱性；$f(S_e)$ 为受体的暴露性；$f(A_e)$ 为受体的抗逆力。

表 3-5 区域环境风险受体脆弱性评价指标体系

目标层	准则层	子准则层	指标层
风险受体脆弱性（A）	暴露性 B_1	人群暴露性 C_1	人口密度 d_1
		经济系统暴露性 C_2	经济密度 d_2
		生态系统暴露性 C_3	耕地面积比 d_3
	抗逆力 B_2	人群抗逆力 C_4	教育投资度 d_4
		经济系统抗逆力 C_5	社会保障度 d_5
		生态系统抗逆力 C_6	环境治理投资度 d_6

2. 数据无量纲化

不同指标原始数据（表 3-6）具有不同的量纲和单位，为消除量纲和单位不同导致的不可比性，将评价指标进行无量纲化处理得到新的数据表（表 3-7）。$x_{ij}(t_k)$ 为对象 s_i 的第 j 个指标在 t_k 时刻的数值（$i=1, 2, \cdots, n$；$j=1, 2, \cdots, m$；$k=1, 2, \cdots, N$），则有

$$x'_{ij}(t_k) = \frac{x_{ij}(t_k) - \overline{x_j(t_k)}}{\sigma_j(t_k)} \tag{3-25}$$

式中，$x'_{ij}(t_k)$ 为无量纲后的值；$\overline{x_j(t_k)}$ 和 $\sigma_j(t_k)$ 分别为指标 j 在 t_k 时刻的均值和标准差。

表 3-6 长江流域各省市某年的脆弱性相关指标原始数据

省区市	d_1	d_2	d_3	d_4	d_5	d_6
青海	7.2	36 493.1	0.77	2.76	3.11	1.55
西藏	2.1	9 565.5	0.19	5.94	0.92	0.51
四川	173.0	833 039.1	19.96	0.63	0.51	2.10
云南	110.6	510 067.8	15.10	3.19	0.81	0.44
重庆	346.2	1 931 154.3	43.63	4.08	1.75	0.85
湖北	303.7	2 300 333.5	40.80	1.35	0.67	0.36
湖南	309.8	1 743 097.3	37.78	1.38	0.76	0.39
江西	248.4	1 199 443.1	33.84	1.90	0.81	0.56
安徽	436.1	2 174 828.8	64.47	1.78	0.63	0.54

续表

省区市	d_1	d_2	d_3	d_4	d_5	d_6
江苏	714.1	8 365 231.6	77.44	0.98	0.14	1.53
上海	2 553.3	72 240 476.2	82.65	2.58	0.14	1.31
贵州	213.4	564 505.7	26.69	3.20	1.19	0.57
甘肃	56.4	216 408.5	8.23	2.80	1.38	0.65
陕西	175.3	807 840.5	22.16	2.32	1.51	0.67
河南	568.1	3 076 443.1	78.66	1.51	0.53	0.30
广西	201.3	868 703.4	26.53	2.18	0.38	0.67
浙江	458.8	5 917 980.4	34.85	1.30	0.10	0.88

表 3-7　无量纲化后的数据

省区市	d_1	d_2	d_3	d_4	d_5	d_6
青海	-0.70	-0.36	-139.11	32.89	306.80	149.46
西藏	-0.71	-0.36	-141.39	286.03	1.94	-62.16
四川	-0.41	-0.31	-63.54	-136.02	-53.98	261.25
云南	-0.52	-0.33	-82.70	66.98	-12.40	-76.68
重庆	-0.10	-0.25	29.65	137.79	117.50	7.16
湖北	-0.18	-0.22	18.49	-79.27	-32.49	-93.64
湖南	-0.17	-0.26	6.62	-76.88	-19.47	-86.42
江西	-0.27	-0.29	-8.91	-35.05	-12.87	-52.41
安徽	0.06	-0.23	111.67	-45.17	-37.26	-55.78
江苏	0.54	0.14	162.74	-108.57	-106.35	144.91
上海	3.78	3.97	183.27	18.70	-105.47	99.88
贵州	-0.34	-0.33	-37.06	67.91	40.59	-49.94
甘肃	-0.61	-0.35	-109.72	36.30	66.35	-32.90
陕西	-0.40	-0.31	-54.90	-2.35	83.73	-30.63
河南	0.29	-0.18	167.58	-66.79	-52.07	-104.56
广西	-0.36	-0.31	-37.68	-13.04	-72.63	-30.47
浙江	0.10	-0.01	-4.94	-83.47	-111.92	12.91

3. 数据平移和扩大

原始数据经无量纲化处理后包含非正数，再采用极值法［式（3-26）］对各指标进行平移和扩大，可得到处理后的数据集（表 3-8）为

$$x_{ij}{}^*(t_k) = 5 + \frac{x_{ij}'(t_k) - m_j}{M_j - m_j} \times 10 \tag{3-26}$$

式中，$M_j = \max\{x_{ij}'(t_k)\}$；$m_j = \min\{x_{ij}'(t_k)\}$。

表 3-8　经过平移和扩大以后的数据集

省区市	d_1	d_2	d_3	d_4	d_5	d_6
青海	5.0	5.0	5.1	9.0	15.0	11.9
西藏	5.0	5.0	5.0	15.0	7.7	6.2

省区市	d_1	d_2	d_3	d_4	d_5	d_6
四川	5.7	5.1	7.4	5.0	6.4	15.0
云南	5.4	5.1	6.8	9.8	7.4	5.8
重庆	6.4	5.3	10.3	11.5	10.5	8.1
湖北	6.2	5.3	9.9	6.3	6.9	5.3
湖南	6.2	5.2	9.6	6.4	7.2	5.5
江西	6.0	5.2	9.1	7.4	7.4	6.4
安徽	6.7	5.3	12.8	7.2	6.8	6.3
江苏	7.8	6.2	14.4	5.7	5.1	11.8
上海	15.0	15.0	15.0	8.7	5.2	10.6
贵州	5.8	5.1	8.2	9.8	8.6	6.5
甘肃	5.2	5.0	6.0	9.1	9.3	7.0
陕西	5.7	5.1	7.7	8.2	9.7	7.0
河南	7.2	5.4	14.5	6.6	6.4	5.0
广西	5.8	5.1	8.2	7.9	5.9	7.0
浙江	6.8	5.8	9.2	6.2	5.0	8.2

4. 建立实对称矩阵

对于时刻 t_k 给定的 17 个评价省区市的三个受体暴露性和三个抗逆力指标的数值，分别用矩阵 A_{k1} 和 A_{k2} 表示 [式（3-27）]，然后计算 3×3 的实对称矩阵 H_{k1} 和 H_{k2}。$H_k = A_k^{\mathrm{T}} A_k$。

$$A_{k1} = \begin{bmatrix} 5.0 & 5.0 & 5.1 \\ 5.0 & 5.0 & 5.0 \\ 5.7 & 5.1 & 7.4 \\ 5.4 & 5.1 & 6.8 \\ 6.4 & 5.3 & 10.3 \\ 6.2 & 5.3 & 9.9 \\ 6.2 & 5.2 & 9.6 \\ 6.0 & 5.2 & 9.1 \\ 6.7 & 5.3 & 12.8 \\ 7.8 & 6.2 & 14.4 \\ 15.0 & 15.0 & 15.0 \\ 5.8 & 5.1 & 8.2 \\ 5.2 & 5.0 & 6.0 \\ 5.7 & 5.1 & 7.7 \\ 7.2 & 5.4 & 14.5 \\ 5.8 & 5.1 & 8.2 \\ 6.8 & 5.8 & 9.2 \end{bmatrix} \quad A_{k2} = \begin{bmatrix} 9.0 & 15.0 & 11.9 \\ 15.0 & 7.7 & 6.2 \\ 5.0 & 6.4 & 15.0 \\ 9.8 & 7.4 & 5.8 \\ 11.5 & 10.5 & 8.1 \\ 6.3 & 6.9 & 5.3 \\ 6.4 & 7.2 & 5.5 \\ 7.4 & 7.4 & 6.4 \\ 7.2 & 6.8 & 6.3 \\ 5.7 & 5.1 & 11.8 \\ 8.7 & 5.2 & 10.6 \\ 9.8 & 8.6 & 6.5 \\ 9.1 & 9.3 & 7.0 \\ 8.2 & 9.7 & 7.0 \\ 6.6 & 6.4 & 5.0 \\ 7.9 & 5.9 & 7.0 \\ 6.2 & 5.0 & 8.2 \end{bmatrix} \quad (3\text{-}27)$$

5. 最大特征值计算

计算与 $\boldsymbol{H}_{k1}$ 和 $\boldsymbol{H}_{k2}$ 的最大特征值 $\lambda_{\max}(t_k)$ 及其对应的权重系数向量,并归一化得到暴露性和抗逆力的各个指标的权重值 $\omega(t_k)$,具体见表 3-9。

表 3-9　脆弱性分项指标权重值

指标	暴露性			抗逆力		
	d_1	d_2	d_3	d_4	d_5	d_6
权重值	0.302 7	0.269 4	0.427 8	0.344 6	0.326 0	0.329 5

6. 计算线性函数

$$y_i(t_k) = \sum_{j=1}^{m} \omega_j(t_k) x_i(t_k) \qquad i=1,2,\cdots,n;\ k=1,2,\cdots,N \qquad (3\text{-}28)$$

式中,$y_i(t_k)$ 为评价省份 s_i 在时刻 t_k 处的暴露性或抗逆力评价值,并根据脆弱性概念模型计算各评价对象脆弱性指数值,结果见表 3-10。

表 3-10　风险受体暴露性、抗逆力和脆弱性最终评价结果

评价对象	暴露性评价值	抗逆力评价值	脆弱性评价值
青海	5.03	11.93	0.42
西藏	5.00	9.71	0.51
四川	6.26	8.75	0.72
云南	5.92	7.68	0.77
重庆	7.73	10.03	0.77
湖北	7.55	6.18	1.22
湖南	7.38	6.37	1.16
江西	7.08	7.07	1.00
安徽	8.93	6.76	1.32
江苏	10.17	7.51	1.35
上海	15.00	8.15	1.84
贵州	6.64	8.34	0.80
甘肃	5.49	8.44	0.65
陕西	6.37	8.28	0.77
河南	9.86	6.03	1.63
广西	6.63	6.98	0.95
浙江	7.56	6.49	1.17

3.3　环境风险评价方法比较

由于各种环境风险评价方法具有各自的特点和使用范围，在选用时需要根据评价对象的尺度大小、样本数据获取情况、评价目标和具体需要，选择合适的风险评价模型和方法。必要时可以针对评价对象的实际情况选择几种评价方法对同一个评价对象进行评价，互相补充、综合分析、相互验证，从而提高评价结果的准确性。

为了便于评价方法的选用，表 3-11 给出了各种环境风险评价方法的比较，包括评价目标、定性或定量方法特点、使用范围和优缺点。

表 3-11　各种环境风险评价方法的比较

评价方法	评价目标	定性或定量	方法特点	使用范围	优缺点
安全检查表	危险有害因素分析、安全等级分析	定性和半定量	需要事先编制有标准要求的安全检查表逐项检查，按照评分标准赋分评定安全等级	微观尺度系统、设备、工艺安全性	简单、方便快捷，但编制合适的检查表难度较大，主观性较强
事件数法	事故原因分析、触发条件分析	定性和定量	归纳法，由初始状态判断系统事故原因及出发条件	微观尺度局部工艺、设备的事故风险分析	简单易行，但主观性强
故障树法	事故原因分析、事故概率分析	定性和定量	演绎法，由事故和基本事件逻辑推断事故原因	微观尺度特殊复杂工艺和设备等	精确性高，但是工作量大
LEC 法	危险性等级水平分析	半定量	根据系统的事故发生可能性、人员暴露性和危险程度进行赋分，确定危险性等级	各种微观尺度生产作业系统	简单实用，主观性较强
道化学指数法	火灾爆炸危险性等级分析	定量	危险物质、工艺的火灾爆炸危险性指数	各种微观尺度生产、存储、运输、处理、使用危险物质的工艺过程及其相关工艺系统	结果简单明了，对系统整体进行评价，但参数取值主观性较强
层次分析法	综合环境风险评价	定量	建立评估指标体系、人为主观确定指标权重，计算风险值	区域尺度环境风险静态综合评价	原理易掌握，计算非常简便，并且所得结果简单明确，主观性强
模糊综合评价法	综合环境风险评价	定量	建立评估指标体系、人为主观确定指标权重，计算风险值	区域尺度环境风险静态综合评价	计算复杂，对指标权重向量的确定主观性较强
纵一横向拉开档次法	综合环境风险评价	定量	建立评估指标体系，根据数据方法自动确定指标权重，计算风险值	区域尺度环境风险动态综合评价	定量数据要求高、权重确定人为主观性影响小，客观性强

3.4　本　章　小　结

本章在深入系统介绍现有环境风险评价的理论方法基础上，比较了不同理论方法的优缺点和适用范围。

（1）环境风险评价方法根据适用尺度差异可以分为微观尺度环境风险评价方法和宏观尺度环境风险评价方法。

（2）由于评价对象尺度不同涉及的因素差异较大，数据样本获取难易程度不同，需要针对性地选择合适方法，保证评价结果的准确性。

（3）目前，区域环境风险评价多采用专家打分法、层次分析法、模糊综合评价法等方法，该类方法使用简便易行，但人为主观因素影响强烈，客观性较差，属于主观评价法。基于客观评价法开展区域环境风险评价研究是未来重要研究方向，但是客观评价法对定量数据要求较高，如何打破其限制并实现客观评价法的广泛应用成为亟待解决的问题。

参 考 文 献

陈晓飞，姜世英，韩鹏，2012. 基于 AHP 的老灌河流域环境风险评价[J]. 南水北调与水利科技，10（3）：87-97.

代利明，陈玉明，2006. 几种常用定量风险评价方法的比较[J]. 安全与环境工程，13（4）：95-98.

郭亚军，姚远，易平涛，2007. 一种动态综合评价方法及应用[J]. 系统工程理论与实践，10：154-158.

贺颖，2008. 基于模糊综合评判理论的天然气输气管道的环境风险评价[D]. 成都：西南交通大学.

胡二邦，2009. 环境风险评价实用技术、方法和案例[M]. 北京：中国环境科学出版社.

李博，韩增林，孙才志，等，2012. 环渤海地区人海资源环境系统脆弱性的时空分析[J]. 资源科学，34（11）：2214-2221.

李艳萍，乔琦，柴发合，等，2014. 基于层次分析法的工业园区环境风险评价指标权重分析[J]. 环境科学研究，27（3）：334-340.

毛桂英，2009. 道化学火灾爆炸危险指数评价法的应用[J]. 中国新技术新产品（6）：1.

邵磊，陈郁，张树深，2010. 基于 AHP 和熵权的跨界突发性大气环境风险源模糊综合评价[J]. 中国人口·资源与环境，20（s1）：135-138.

汤庆合，蒋文燕，李怀正，等，2010. 上海市突发环境事故近 10 年变化及统计学分析[J]. 环境污染与防治，32（6）：86-98.

王常凯，巩在武，2016. 纵—横向拉开档次法中指标规范化方法的修正[J]. 统计与决策（2）2：77-79.

魏明华，黄强，邱林，等，2010. 基于纵—横向拉开档次法的水环境综合评价[J]. 沈阳农业大学学报，41（1）：59-63.

杨小林，李义玲，2015. 基于客观赋权法的长江流域环境风险时空动态综合评价[J]. 中国科学院大学学报，32（3）：349-355.

岳立，王晓君，2013. 13 省市区低碳经济发展水平动态综合评价：基于纵—横向拉开档次法[J]. 吉林工商学院学报，29（1）：17-20，55.

张蕾，陈雯，陈晓，等，2011. 长江三角洲地区环境污染与经济增长的脱钩时空分析[J]. 中国人口·资源与环境，21（3）：275-279.

张明智，1997. 模糊数学与军事决策[M]. 北京：国防大学出版社.

朱晓敏，陈东华，耿建东，2012. 基于空间信息扩散法的环境风险评估模型[J]. 中国人口·资源与环境，22（3）：111-117.

SATTY T L, 1980. The analytic hierarchy process[M]. New York: McGraw-hill Inc.

SATTY T L, 2008. Decision making with the analytic hierarchy process[J]. International journal of services sicence, 1(1): 83-98.

第4章　河南省累积性环境污染物排放的
时空变化特征与机理分析

　　经济的快速增长可能伴随严重的环境污染，由此带来的环境资源也越发稀缺，环境约束的趋紧致使人们开始关注经济发展与环境污染之间的关系问题（陈向阳，2015）。已有研究和实践证明，经济发展与环境质量之间存在密切的相关关系，经济发展带动城市化及土地利用快速变更，势必引起资源消耗和污染物的排放，当污染物排放超过了环境容量时，便会对生态环境产生胁迫作用，而一系列的环境问题又会对人类的生活质量和生产条件形成威胁（苏飞等，2009；李英等，2008）。因此，环境污染物的排放与经济发展的关系及其驱动因素分析探讨成为学术界关注的热点问题（卢晓彤等，2012；段晓峰等，2010；李双成等，2009；高晓路等，2008）。

　　20世纪90年代初Shafik等（1992）和Grossman等（1993）等环境经济学家根据经验数据提出了环境库兹涅茨曲线（environmental Kuznets curve，EKC），用于描述经济发展与环境污染水平演替关系，如今成为环境污染压力与经济发展关系研究的主要方法和工具（凌立文等，2017）。发达国家和新兴工业化国家的发展经验表明，在经济发展到一定程度前污染水平会随着经济发展和国民收入的增加而上升，此后随着收入的上升污染水平反而下降，EKC中环境污染水平与经济发展的关系存在一个转折点。Roca等（2001）对西班牙六种空气污染物进行研究时发现只有二氧化硫符合EKC假说，并认为环境污染物与经济水平之间的关系受到多种因素影响，不能仅靠提高经济水平去解决环境问题。Lantz等（2006）分析了1970～2000年加拿大二氧化碳排放情况，认为二氧化碳排放量与人口规模之间呈倒U形曲线关系，与技术因素呈U形曲线关系，与人均GDP无相关关系。

　　自2008年后，国内关于EKC的研究迅速增加，涉及不同区域与行业。林伯强等（2009）对中国二氧化碳的EKC进行检验和预测；许广月等（2010）研究发现中国东部和中部存在碳排放EKC，且不同省份到达拐点的时间不尽相同；王凯等（2016）、孟祥海等（2015）和张明志（2015）分别对中国服务业、畜禽业和制造业所产生的污染物排放与人均GDP的关系进行EKC检验；王良健等（2009）分析了中国东部11个省工业"三废"排放强度与人均GDP的关系，认为环境质量与经济增长之间存在S形曲线关系，并不符合EKC假说；郑义等（2014）通过中国省级面板数据分析发现，工业废水治理存在显著规模效应，且EKC拐点远低

于发达国家；宋丽颖等（2014）验证了陕西省工业"三废"与经济发展水平符合
EKC 假说，通过建立协整方程，证实工业结构、能源强度及对外开放程度对环境
污染具有正相关关系；欧阳婉桦等（2014）发现长江上游地区各省的废水和废气
在 2010 年前后已达到排放转折点，固体废物排放量与经济水平呈线性正相关，并
建立计量模型分析不同因素对污染物排放的影响作用。

　　EKC 假说模型可以很好地分析经济增长与环境污染压力之间的关系，但是无
法揭示工业的发展规模、技术水平及产业结构等具体特征、资源要素投入与环境
污染物排放量变化之间的物质关系，难以定量确定污染水平与影响因素之间的因
果关系，更无法回答环境变化的作用机制（Kijima et al.，2010）。为此，学者们
将因素分解模型（如 Kaya 恒等式法、对数平均迪式分解法–基于对数平均权重法
（logarithmic mean divisia index，LMDI 分解法；Laspeyrses 完全分解模型；Divisia
分解法）引入 EKC 研究，分析经济规模、产业结构、单位产值的污染物排放水平、
污染物排放控制技术和污染物处理技术及制度等因素对能源消耗或环境污染物排
放量的影响，进而探讨环境污染物排放的驱动因素和作用机制。例如，佟金萍等
（2011）引入 Laspeyrses 指数及其完全分解方法思想，构建了万元 GDP 用水量的
完全因素分解模型，从产业和地区两个层面对我国 1997～2009 年万元 GDP 用水
量的变动进行影响因素分解分析；凌立文等（2016）在对广东省工业"三废"EKC
进行验证的基础上，运用 Kaya 恒等式把工业"三废"排放的影响因素分解为清
洁生产技术水平、工业 GDP 单位能耗、工业经济发展水平和工业人口规模四个维
度，并用 LMDI 分解法分析了各因素对区域污染物排放量变化的作用机制；马丽
（2016）运用 Kaya 方程在工业规模、产业结构和环境污染物排放之间建立物质联
系，并运用 LMDI 法解析了工业产值规模、产业结构等因素对工业污染物排放量
变化的贡献度，研究判断了 2000 年以来影响我国工业污染物排放变化的主要驱动
因素。

　　为了深入揭示河南省环境污染物的排放特征与经济发展的关系、影响因素及
其驱动机制，为正确制定合理、科学的环境污染管控政策和措施提供科学的依据。
本章在充分分析河南省废水、废气和固体废物等主要环境污染物时空分布特征的
基础上，运用 EKC 假设模型分析河南省主要环境污染物排放与经济发展之间的关
系，然后基于 Laspeyrses 完全因素分解模型构建河南省主要环境污染物排放因素
分解模型，建立环境污染物排放与经济规模、产业结构、产业技术进步等因素之
间物质关系，进而解析经济规模、产业结构调整和技术进步等因素对河南省环境
污染物排放量变化的贡献度，研究判断影响河南省废水、废气和固体废物排放量
变化的主要驱动因素和作用机制。

4.1　河南省累积性环境污染物排放时空变化特征

4.1.1　研究方法

1. 数据获取

本章从 2007~2017 年的《中国统计年鉴》和《河南省统计年鉴》中获取河南省的废水排放量、废气排放量（二氧化硫排放量和烟粉尘排放量之和）、固体废物排放量等数据，开展河南省累积性环境污染物排放量时序变化特征分析；从 2014~2017 年的《中国统计年鉴》和《河南省统计年鉴》获取河南省 18 个市级行政单元的废水排放量、废气排放量（二氧化硫排放量和烟粉尘排放量之和）、固体废物排放量等数据，开展河南省各市级行政区的累积性环境污染物排放量空间变化特征分析。

2. 数据处理

借助 Excel 2010 对 2006~2016 年河南省的废水排放量、废气排放量、固体废物排放量等数据对河南省累积性环境污染物排放时序变化特征进行作图分析。将 2013~2016 年各市级行政单元废水排放量、废气排放量、固体废物排放量的均值作为空间分析的基础数据，分析河南省各市级行政单元的累积性环境污染物年均排放量和排放密度的空间变化特征。

4.1.2　河南省累积性环境污染物排放量的时间变化特征

1. 河南省废水排放量的时间变化特征

图 4-1 所示为 2006~2016 年河南省废水排放量的时间变化特征。2006~2016 年河南省每年废水排放量为 27.80 亿~43.35 亿 t/a，排放总量为 403.00 亿 t，年均废水排放量为 36.63 亿 t。其中，2015 年河南省废水排放量最高，达到 43.35 亿 t；2006 废水排放量最低，为 27.80 亿 t。总体上，2006~2016 年河南省废水排放量呈不断上升的趋势，可知河南省废水减排工作形势严峻。

2. 河南省废气排放量的时间变化特征

图 4-2 所示为 2006~2016 年河南省废气排放量的时间变化特征。2006~2016 年河南省每年废气排放量为 84.24 万~242.11 万 t/a，排放总量为 2 132.32 万 t，年

均废气排放量为 193.84 万 t。其中，2006 年河南省废气排放量最高，达到 242.11 万 t；2016 年的废气排放量最低，为 84.24 万 t。如图 4-2 所示，2006～2016 年河南省废气排放量总体呈波动下降的趋势，2016 年废气排放量下降最为明显，较 2015 年下降了 114.80 万 t，下降幅度达 57.68%。这可能与近年来河南省不断加大大气污染防治力度有关。

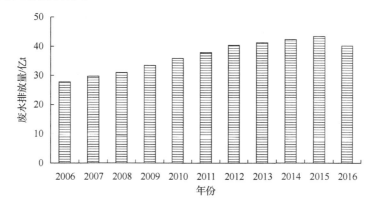

图 4-1　2006～2016 年河南省废水排放量的时间变化特征

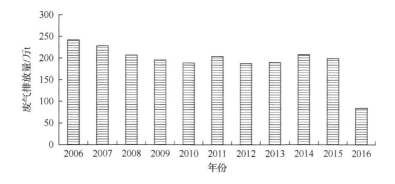

图 4-2　2006～2016 年河南省废气排放量的时间变化特征

3. 河南省固体废物排放量的时间变化特征

图 4-3 所示为 2006～2016 年河南省固体废物排放量的时间变化特征。2006～2016 年每年河南省固体废物排放量为 7 463.62 万～16 270.08 万 t/a，排放总量为 138 360.88 万 t，年均排放量为 12 578.26 万 t。其中，2013 年河南省固体废物的排放量最高，达到 16 270.08 万 t；2006 年固体废物排放量最低，为 7 463.62 万 t。总体而言，2006～2016 年河南省固体废物排放量总体呈"先升高、再下降"的趋势。其中，2015 年下降幅度最为明显，较 2014 年下降了 1 191.93 万 t，下降幅度为 7.33%。

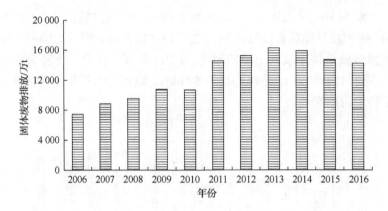

图 4-3　2006～2016 年河南省固体废物排放量的时间变化特征

4.1.3　河南省累积性环境污染物排放量和排放密度的空间变化特征

1. 河南省废水排放量和排放密度的空间变化特征

表 4-1 所示为 2013～2016 年河南省废水排放量和排放密度的空间变化特征，结果显示如下：

（1）河南省废水排放量的空间差异明显，其中郑州作为省会城市，工业发达程度高，而且轻工业比重较高，2013～2016 年废水排放量达 6.98 亿 t/a。新乡、焦作、洛阳和南阳的废水排放量也较高，2013～2016 年废水排放量均值分别为 3.16 亿 t/a、2.75 亿 t/a、3.16 亿 t/a 和 2.69 亿 t/a。鹤壁和济源的废水排放量较低，2013～2016 年废水排放量分别为 0.93 亿 t/a、0.47 亿 t/a。

（2）河南省废水排放密度的空间差异较大。总体而言，河南省废水排放密度呈中北部城市高、南部城市低的特点。其中，郑州、焦作的废水排放密度较高，2013～2016 年废水排放密度分别为 9.30 万 t/（a·km²）、6.75 万 t/（a·km²），要远高于其他城市；濮阳、鹤壁、许昌、新乡和漯河的废水排放密度也较高，2013～2016 年废水排放密度分别为 3.53 万/（a·km²）、4.05 万/（a·km²）、3.43 万/（a·km²）、3.66 万/（a·km²）和 4.87 万 t/（a·km²）；三门峡、南阳、驻马店和信阳的废水排放密度较低，2013～2016 年废水排放密度分别为 1.35 万/（a·km²）、1.01 万/（a·km²）、1.32 万/（a·km²）和 0.83 万 t/（a·km²）。排放密度与城市面积密切相关，南阳虽然废水排放总量较高，但是其地域面积较大，排放密度反而较低，因此区域废水排放密度相对于废水排放总量更能说明区域废水排放的环境压力，也可以直接反映区域的经济发展模式和产业发展状况的空间差异特征。

表 4-1　2013～2016 年河南省废水排放量和排放密度的空间变化特征

城市	排放量/（亿 t/a）					排放密度/[万 t/（a·km²）]
	2013 年	2014 年	2015 年	2016 年	均值	
郑州	6.05	6.62	7.75	7.52	6.98	9.30
开封	2.02	1.96	2.13	0.96	1.77	2.83
洛阳	2.95	2.94	3.02	3.74	3.16	2.04
平顶山	2.06	1.98	2.20	1.66	1.98	2.51
安阳	1.74	1.72	1.93	1.53	1.73	2.35
鹤壁	0.95	0.95	0.98	0.84	0.93	4.05
新乡	2.93	3.40	3.43	2.87	3.16	3.66
焦作	2.57	2.99	3.05	2.38	2.75	6.75
濮阳	1.50	1.49	1.65	1.39	1.51	3.53
许昌	1.75	1.78	1.95	1.34	1.71	3.43
漯河	1.30	1.28	1.28	1.24	1.28	4.87
三门峡	1.41	1.44	1.55	1.19	1.39	1.35
南阳	2.61	2.63	3.04	2.47	2.69	1.01
商丘	1.74	1.80	2.31	1.83	1.92	1.80
信阳	1.52	1.53	1.70	1.47	1.55	0.83
周口	2.45	2.52	2.80	2.44	2.55	2.13
驻马店	1.92	1.94	2.11	1.96	1.98	1.32
济源	0.44	0.48	0.48	0.47	0.47	2.41

2. 河南省废气排放量和排放密度的空间变化特征

表 4-2 所示为 2013～2016 年河南省每年废气排放量（二氧化硫排放量和烟粉尘排放量之和）和排放密度的空间变化特征，具体结果显示如下：

（1）河南省废气排放量的空间变化特征呈中西部城市大于东南部城市的特点。其中，郑州、平顶山、洛阳和安阳废气排放量较高，2013～2016 年废气排放量分别为 15.80 万 t/a、16.21 万 t/a、16.61 万 t/a 和 21.94 万 t/a；周口和漯河的废气排放量较低，2013～2016 年废气排放量分别为 3.95 万 t/a、2.23 万 t/a。

（2）河南省废气排放密度的空间变化特征与废水排放密度的空间变化特征相似，呈北部城市高于南部城市的特点。其中，济源和安阳的废气排放密度较高，2013～2016 年废气排放密度分别达 35.68t/（a·km²）和 29.83t/（a·km²）。这主要是由于济源和安阳作为河南省的传统重工业城市，其废气排放量较高（马丽，2016）；郑州、焦作、鹤壁、平顶山的废气排放密度也较高，2013～2016 年废气排放密度分别为 21.08t/（a·km²）、22.38t/（a·km²）、23.01t/（a·km²）、20.56t/（a·km²）。周口、商丘、南阳、驻马店和信阳的废气排放密度相对较低，2013～2016 年废气排放密度分别为 3.30t/（a·km^2）、4.48t/（a·km^2）、3.25t/（a·km^2）、4.12t/（a·km^2）和 2.54t/（a·km^2）。

表 4-2　2013～2016 年河南省废气排放量和排放密度的空间变化特征

城市	排放量/（万 t/a）					排放密度/ [t/（a·km^2）]
	2013 年	2014 年	2015 年	2016 年	均值	
郑州	16.69	17.22	21.96	7.44	15.80	21.08
开封	8.11	9.46	9.99	1.97	7.38	11.82
洛阳	19.95	19.41	20.69	6.39	16.61	10.72
平顶山	17.45	19.37	22.58	5.42	16.21	20.56
安阳	21.41	28.73	25.62	12	21.94	29.83
鹤壁	5.96	6.27	6.23	2.7	5.29	23.01
新乡	8.67	9.13	9.36	3.46	7.66	8.87
焦作	10.69	11.36	9.88	4.52	9.11	22.38
濮阳	4.58	4.88	5.1	1.7	4.07	9.53
许昌	7.27	7.6	7.22	4.62	6.68	13.42
漯河	2.67	2.81	2.41	1.02	2.23	8.51
三门峡	16.34	16.15	13.92	4.03	12.61	12.23
南阳	9.67	10.26	9.8	4.84	8.64	3.25
商丘	4.37	4.37	8.09	2.27	4.78	4.48
信阳	4.73	5.65	5.79	2.93	4.78	2.54
周口	4.32	4.06	5.54	1.88	3.95	3.30
驻马店	6.56	7.28	7.05	3.78	6.17	4.12
济源	5.68	8.11	7.82	5.95	6.89	35.68

3. 河南省固体废物排放量和排放密度的空间变化特征

表 4-3 所示为 2013～2016 年河南省每年固体废物排放量和排放密度的空间变化特征，具体结果显示如下：

（1）河南省固体废物排放总量的空间变化特征呈中西部城市大于东南部城市的特点。其中，洛阳的固体废物排放量最高，2013～2016 年固体废物排放量达 3 172.16 万 t/a；郑州、平顶山和三门峡的固体废物排放量也较高，年均排放量分别为 1 570.09 万 t/a、2 192.93 万 t/a 和 1 747.50 万 t/a；河南省东部城市周口、商丘、开封和濮阳的固体废物排放量较低，2013～2016 年固体废物排放量分别为 59.79 万 t/a、201.32 万 t/a、147.28 万 t/a 和 105.48 万 t/a。

（2）河南省固体废物排放密度的空间变化特征与河南省废水排放密度、废气排放密度的空间变化特征十分相似，均呈西北部城市大于东南部城市的特点。其中，鹤壁、济源、焦作和平顶山的固体废物排放密度最高，2013～2016 年固体废物排放密度分别为 2 388.16t/（a·km²）；3 099.02t/（a·km²）、2 388.97t/（a·km²）和 2 782.19t/（a·km²）。郑州、洛阳、三门峡和安阳的固体废物排放密度也较高，2013～2016 年固体废物排放密度分别为 2 091.50t/（a·km²）、2 047.61t/（a·km²）、1 695.12t/（a·km²）和 1 440.98t/（a·km²）。周口、商丘、南阳、驻马店、信阳、开封、濮阳的固体废物排放密度较低，2013～2016 年固体废物排放密度分别为 49.95t/（a·km²）、188.89t/（a·km²）、164.40t/（a·km²）、224.09t/（a·km²）、234.84t/（a·km²）、235.75t/（a·km²）和 247.26t/（a·km²）。

河南省废水排放密度、废气排放密度和固体废物排放密度的空间分布特征具有明显的相似性，均呈北部城市较高、南部城市较低的特点，说明河南省北部地区累积性环境污染物排放造成的环境压力要高于南部城市，应该对北部城市的累积性环境污染物的排放优先控制、重点治理。

表4-3　2013～2016 年河南省固体废物排放量和排放密度的空间变化特征

城市	排放量/（万 t/a）					排放密度/[t/（a·km²）]
	2013 年	2014 年	2015 年	2016 年	均值	
郑州	1 548.72	1 400.13	1 745.62	1 585.88	1 570.09	2 091.50
开封	132.40	141.25	165.61	149.84	147.28	235.75
洛阳	3 294.48	3 460.47	3 039.82	2 893.88	3 172.16	2 047.61
平顶山	2 431.52	2 360.50	2 298.89	1 680.79	2 192.93	2 782.19
安阳	1 222.47	1 035.28	1 017.18	964.42	1 059.84	1 440.98
鹤壁	729.31	791.77	305.92	369.15	549.04	2 388.16
新乡	283.17	321.01	446.04	334.39	346.15	401.15
焦作	967.10	928.23	984.18	1 010.78	972.57	2 388.97
濮阳	92.76	97.30	118.58	113.28	105.48	247.26
许昌	387.57	374.33	374.49	330.99	366.85	737.08
漯河	137.24	124.24	114.02	124.80	125.08	477.93
三门峡	1 794.58	1 776.56	1 723.22	1 695.65	1 747.50	1 695.12
南阳	452.55	481.53	415.14	399.45	437.17	164.40
商丘	113.49	94.03	525.82	71.92	201.32	188.89
信阳	529.77	485.50	444.13	308.38	441.95	234.84
周口	72.14	56.70	66.14	44.16	59.79	49.95
驻马店	348.43	384.07	330.81	278.90	335.55	224.09
济源	619.65	511.85	606.88	655.30	598.42	3 099.02

4.2　基于 EKC 模型的河南省累积性环境污染物排放机理分析

4.2.1　研究方法

1. 数据获取

本节研究从 2007～2017 年的《中国统计年鉴》和《河南省统计年鉴》获取河南省废水排放量、废气排放量（二氧化硫排放量和烟粉尘排放量）、固体废物排放量、GDP 总量和工业 GDP 总量等数据，运用 EKC 模型分析河南省累积性环境污染物排放与经济发展的关系，以期揭示河南省主要环境污染物的排放机理。

2. EKC 模型

EKC 的基本含义是以经济增长水平为横坐标，环境污染水平为纵坐标，分析环境污染物与经济增长之间的变化趋势。在国内外的 EKC 实证研究中，学者多采用二次多项式或三次多项式进行模型拟合，且不同的系数符号表征不同的曲线形态（吴昌南等，2012），模拟模型表达式如下：

$$y = \beta_0 + \beta_1 x + \beta_2 x^2 + \varepsilon \tag{4-1}$$

$$y = \beta_0 + \beta_1 x + \beta_2 x^2 + \beta_3 x^3 + \varepsilon \tag{4-2}$$

式中，y 为环境质量指标，一般可以用环境污染物排放量的量化数据代替；β_0 为常数项；β_1、β_2、β_3 分别为一次项、二次项和三次项的估计系数；ε 为随机误差。其中，β_1、β_2、β_3 系数决定了环境质量状况与经济发展的相关关系。对于二次项估计模型 [式（4-1）] 而言，当 β_1 为正，β_2 为负时，曲线呈倒 U 形；当 β_1 为负、β_2 为正时，曲线呈正 U 形。对于三次项估计模型 [式（4-2）] 而言，当 β_1 为正、β_2 为负、β_3 为负时，曲线呈 N 形；当 β_1 为负、β_2 为正、β_3 为负时，曲线呈倒 N 形（图 4-4）。

3. 累积性环境污染物排放量与经济发展关系计量模型构建

本节借助于 SPSS 19.0 软件模拟经济发展指标（GDP 总量、工业 GDP 总量）与废水、废气和固体废物排放量之间的 EKC 关系，建立相应的二次或者三次 EKC 模型，即

$$y_{\text{废水、废气或固废排放量}} = \beta_0 + \beta_1 x_{\text{GDP或工业GDP}} + \beta_2 x_{\text{GDP或工业GDP}}^2 + \varepsilon \tag{4-3}$$

$$y_{\text{废水、废气或固废排放量}} = \beta_0 + \beta_1 x_{\text{GDP或工业GDP}} + \beta_2 x_{\text{GDP或工业GDP}}^2 + \beta_3 x_{\text{GDP或工业GDP}}^3 + \varepsilon \tag{4-4}$$

式中，y 为废水、废气或者固体废物排放量；x 为 GDP 总量或工业 GDP 总量；β_0 为常数项；β_1，β_2，β_3 分别为待定系数，其取值不同表示累积性环境污染物排放量指标 y 和经济指标 x 之间的相依关系不同。

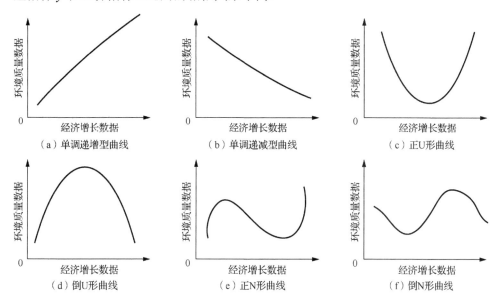

图 4-4　EKC 模型假设曲线类型

　　EKC 模型可以表示经济增长与累积性环境污染物排放量的七种典型关系：当 $\beta_1=\beta_2=\beta_3=0$ 时，表示经济增长与累积性环境污染物排放量之间没有联系；当 $\beta_1>0$，$\beta_2=\beta_3=0$ 时，表示伴随着经济增长，累积性环境污染物排放量急剧增加 [图 4-4（a）]；当 $\beta_1<0$，$\beta_2=\beta_3=0$ 时，表示伴随着经济增长，累积性环境污染物排放量减少 [图 4-4（b）]；当 $\beta_1<0$，$\beta_2>0$，$\beta_3=0$ 时，表示经济增长与累积性环境污染物排放量之间存在 U 形曲线关系，经济发展水平较低阶段，累积性环境污染物排放量降低，经济发展水平较高阶段，累积性环境污染物排放形势不断恶化 [图 4-4（c）]；当 $\beta_1>0$，$\beta_2<0$，$\beta_3=0$ 时，表示经济增长与累积性环境污染物排放量之间存在倒 U 形曲线关系，存在下降拐点 [图 4-4（d）]；当 $\beta_1>0$，$\beta_2<0$，$\beta_3>0$ 时，表示经济增长与累积性环境污染物排放量之间的关系为 N 形，表明累积性环境污染物排放量先上升、后降低、再上升的特点 [图 4-4（e）]；当 $\beta_1<0$，$\beta_2>0$，$\beta_3<0$ 时，表示经济增长与累积性环境污染物排放量之间呈倒 N 形特征，表明累积性环境污染物排放量先降低、后上升、又下降的特点 [图 4-4（f）]。

4.2.2 河南省累积性环境污染物排放量的 EKC 特征分析

1. 累积性环境污染物排放量的 EKC 模型选择

通过 EKC 模型可建立环境质量指标与经济发展指标之间二次或者三次曲线关系，为了从曲线模型中选出适合河南省环境污染物排放与经济发展关系使用的最优曲线模型，本节使用 SPSS 19.0 软件分别将河南省主要累积性环境污染物（废水、废气和固体废物）排放量、GDP 总量和工业 GDP 总量的数据进行曲线拟合，并输出相关系数 R^2 值（表 4-4 和表 4-5），根据相关系数确定最优拟合模型。

表 4-4　河南省主要累积性环境污染物排放量与 GDP 总量各种函数拟合曲线参数

污染物类型	函数类型	F 值	Sig.	R^2
废水排放量（y_1）	二次函数	101.434	0.00	0.962
	三次函数	180.763	0.00	0.987
废气排放量（y_2）	二次函数	4.228	0.056	0.514
	三次函数	11.821	0.004	0.835
固体废物排放量（y_3）	二次函数	40.239	0.00	0.910
	三次函数	54.882	0.00	0.959

表 4-5　河南省主要累积性环境污染物排放量与工业 GDP 总量各种函数拟合曲线参数

污染物类型	函数类型	F 值	Sig.	R^2
废水排放量（y_1）	二次函数	78.603	0.00	0.952
	三次函数	60.536	0.00	0.963
废气排放量（y_2）	二次函数	2.746	0.124	0.407
	三次函数	3.461	0.040	0.597
固体废物排放量（y_3）	二次函数	32.945	0.00	0.892
	三次函数	34.835	0.00	0.937

从表 4-4 中的数据可以看出：

（1）GDP 总量（x）与废水排放量（y_1）之间二次方程和三次方程的拟合程度都较好，三次方程的 R^2 为 0.987，拟合度更高，因此选用三次方程表示 GDP 总量与废水排放量之间的关系。

（2）GDP 总量（x）与废气排放量（y_2）之间二次方程和三次方程的拟合程度比较发现，三次方程的拟合程度较高，R^2 为 0.835，因此选用三次方程表示 GDP 总量与废气排放量之间的关系。

（3）GDP 总量（x）与固体废物排放量（y_3）之间二次方程和三次方程的拟合

程度都较好，三次方程的 R^2 为 0.959，拟合度更高，因此选用三次方程表示 GDP 总量与固体废物排放量之间的关系。

从表 4-5 中的数据可以看出：

（1）工业 GDP 总量（x）与废水排放量（y_1）之间二次方程和三次方程的拟合程度都较好，三次方程的 R^2 为 0.963，拟合度更高，因此选用三次方程表示工业 GDP 总量与废水排放量之间的关系。

（2）工业 GDP 总量（x）与废气排放量（y_2）之间二次方程和三次方程的拟合程度比较发现，三次方程的拟合程度更高，R^2 为 0.597，因此选用三次方程表示工业 GDP 总量与废气排放量之间的关系。

（3）工业 GDP 总量（x）与固体废物排放量（y_3）之间二次方程和三次方程的拟合程度都较好，三次方程的 R^2 为 0.937，拟合度更高，因此选用三次方程表示工业 GDP 总量与固体废物排放量之间的关系。

2. 河南省累积性环境污染物指标的环境库兹涅茨曲线模型模拟

通过 Excel 2010 和 SPSS 19.0 软件对河南省 2006～2016 年的废水排放量、废气排放量和固体废物排放量等环境指标数据与 GDP 总量、工业 GDP 总量等经济发展指标数据进行回归分析，结果见表 4-6 和表 4-7。

表 4-6　河南省 2006～2016 年 GDP 总量与累积性环境污染物排放量水平计量模型模拟结果

环境指标	模型系数			常数项 β_0	F 值	Sig.	R^2
	β_1	β_2	β_3				
废水	−0.001	1.028×10^{-7}	-1.544×10^{-12}	33.017	180.763	0.00	0.987
废气	−0.076	3.098×10^{-6}	-4.053×10^{-11}	801.717	11.821	0.004	0.835
固体废物	−1.366	8.430×10^{-5}	-1.252×10^{-9}	14 098.106	54.882	0.00	0.959

表 4-7　河南省 2006～2016 年工业 GDP 总量与累积性环境污染物排放量水平计量模型模拟结果

环境指标	模型系数			常数项 β_0	F 值	Sig.	R^2
	β_1	β_2	β_3				
废水	−0.006	8.249×10^{-7}	-2.785×10^{-11}	41.594	60.536	0.00	0.963
废气	−0.223	2.407×10^{-5}	-8.397×10^{-10}	867.079	3.461	0.040	0.597
固体废物	−7.561	0.001	-3.227×10^{-8}	26 611.450	34.835	0.00	0.937

从表 4-6 和表 4-7 可看出，GDP 总量和工业 GDP 总量与废水排放量、废气排放量、固体废物排放量之间关系的拟合结果很好。废水排放量、废气排放量、固体废物排放量与 GDP 总量、工业 GDP 总量的拟合曲线均呈现倒 N 形曲线关系（表 4-8 和表 4-9）。

表 4-8　河南省 GDP 总量与累积性环境污染物排放量的拟合模型

环境指标	回归方程	F 值	曲线形状
废水	$y_1=-0.001x+1.028\times10^{-7}x^2-1.544\times10^{-12}x^3+33.017$	180.763	倒 N 形
废气	$y_2=-0.076x+3.098\times10^{-6}x^2-4.053\times10^{-11}x^3+801.717$	11.821	倒 N 形
固体废物	$y_3=-1.366x+8.430\times10^{-5}x^2-1.252\times10^{-9}x^3+14\,098.106$	54.882	倒 N 形

表 4-9　河南省工业 GDP 总量与累积性环境污染物排放量的拟合模型

环境指标	回归方程	F 值	曲线形状
废水	$y_1=-0.006x+8.249\times10^{-7}x^2-2.785\times10^{-11}x^3+41.594$	60.536	倒 N 形
废气	$y_2=-0.223x+2.407\times10^{-5}x^2-8.397\times10^{-10}x^3+867.079$	3.461	倒 N 形
固体废物	$y_3=-7.561x+0.001x^2-3.227\times10^{-8}x^3+26\,611.450$	34.835	倒 N 形

3. 河南省累积性环境污染物排放量的 EKC 检验

1) 河南省废水排放量的 EKC 检验

由上述结果可知, 基于三次多项式的联立方程模型比基于二次多项式的联立方程更加合理。因此, GDP 总量、工业 GDP 总量与废水排放量均采用三次函数进行环境库兹涅茨曲线拟合, 拟合优度分别达到 0.987 和 0.963。通过对数据回归分析, 发现 GDP 总量 (x_1) 与废水排放量 (y) 及工业 GDP 总量 (x_2) 与废水排放量 (y) 的函数关系分别为

$$y=-0.001x_1+1.028\times10^{-7}x_1{}^2-1.544\times10^{-12}x_1{}^3+33.017$$
$$y=-0.006\,x_2+8.249\times10^{-7}x_2{}^2-2.785\times10^{-11}x_2{}^3+41.594$$

由于方程的系数 $\beta_1<0$, $\beta_2>0$, $\beta_3<0$, 说明河南省 GDP 总量、工业 GDP 总量与废水排放量均呈现出倒 N 形曲线关系 (图 4-5 和图 4-6), 即废水排放量随着 GDP 总量和工业 GDP 总量的提高先减少, 后增加, 最后又进一步减少。

2) 河南省废气排放量的 EKC 检验

通过上述分析可知, 河南省 GDP 总量、工业 GDP 总量与废气排放量的回归曲线均可采用三次方程进行拟合, 拟合优度分别达到 0.835 和 0.597。通过对数据回归分析, 发现 GDP 总量 (x_1) 与废气排放量 (y) 及工业 GDP 总量 (x_2) 与废气排放量 (y) 的函数关系分别为

$$y=-0.076\,x_1+3.098\times10^{-6}\,x_1{}^2-4.053\times10^{-11}\,x_1{}^3+801.717$$
$$y=-0.223\,x_2+2.407\times10^{-5}\,x_2{}^2-8.397\times10^{-10}\,x_2{}^3+867.079$$

由于函数方程的系数 $\beta_1<0$, $\beta_2>0$, $\beta_3<0$, 说明河南省 GDP 总量、工业 GDP 总量与废气排放量之间均呈现出倒 N 形曲线关系 (图 4-7 和图 4-8), 即废气排放量亦随着 GDP 总量和工业 GDP 总量的提高先减少, 后增加, 最后又进一步减少。

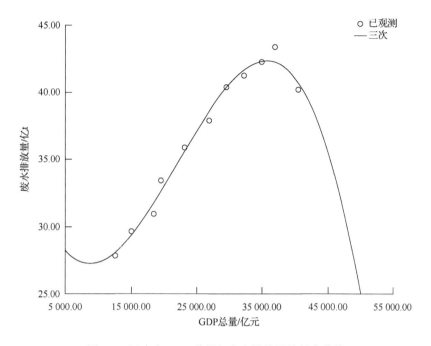

图 4-5　河南省 GDP 总量与废水排放量的拟合曲线

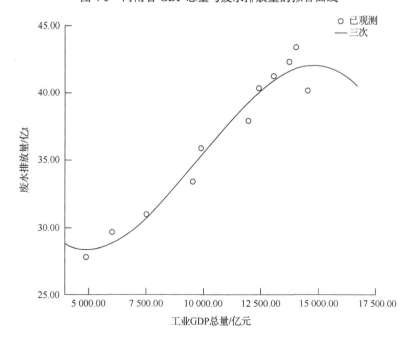

图 4-6　河南省工业 GDP 总量与废水排放量的拟合曲线

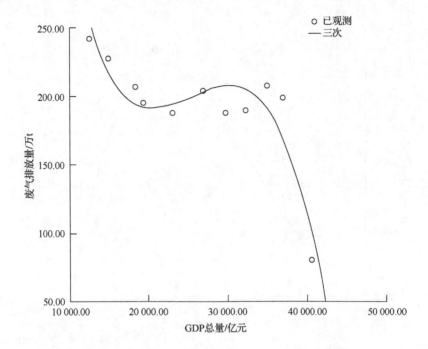

图 4-7　河南省 GDP 总量与废气排放量的拟合曲线

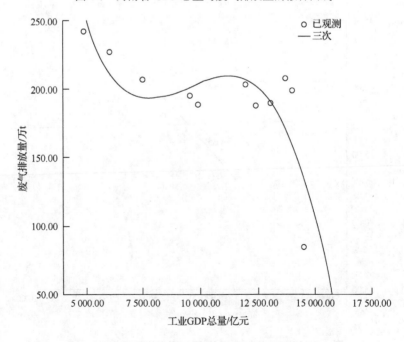

图 4-8　河南省工业 GDP 总量与废气排放量的拟合曲线

3）河南省固体废物的 EKC 检验

通过上述分析可知，河南省 GDP 总量、工业 GDP 总量与固体废物排放量的回归曲线均可采用三次方程进行拟合，拟合优度分别达到 0.959 和 0.937。通过 SPSS 19.0 软件对 GDP 总量、工业 GDP 总量与固体废物排放量数据进行回归分析，发现 GDP 总量（x_1）与固体废物排放量（y）及工业 GDP 总量（x_2）与固体废物排放量（y）的函数关系分别为

$$y = -1.366 x_1 + 8.430 \times 10^{-5} x_1^2 - 1.252 \times 10^{-9} x_1^3 + 14\,098.106$$
$$y = -7.561 x_2 + 0.001 x_2^2 - 3.227 \times 10^{-8} x_2^3 + 26\,611.450$$

由方程的系数 $\beta_1 < 0$，$\beta_2 > 0$，$\beta_3 < 0$ 可以看出，GDP 总量、工业 GDP 总量与固体废物排放量之间呈现出倒 N 形曲线关系（图 4-9 和图 4-10），说明固体废物排放量随着 GDP 总量和工业 GDP 总量的提高先减少，后增加，最后又进一步减少。

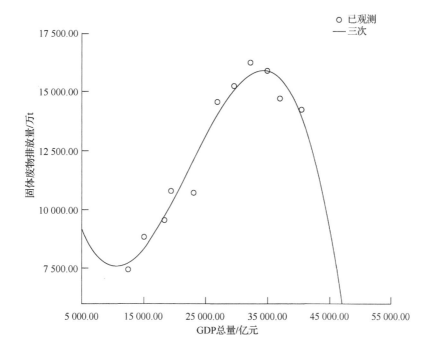

图 4-9　河南省 GDP 总量与固体废物排放量的拟合曲线

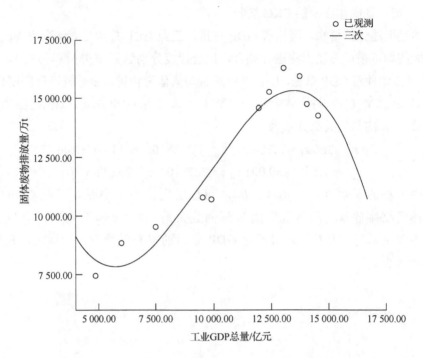

图 4-10　河南省工业 GDP 总量与固体废物排放量的拟合曲线

4.3　基于因素分解模型的河南省累积性环境污染物排放机理分析

4.3.1　研究方法

1. 因素分解模型

在经济系统中，很多变量的变化是由多个因素导致的，区别各个因素的影响方向和程度具有重要意义（齐志新等，2006）。因素分解法为区分不同影响因素对某个系统变量的影响程度和方向提供了重要途径。目前，学者常用的因素分解方法包括 Kaya 恒等式法、对数平均迪式分解法-LMDI 分解法、Laspeyrses 分解模型、Divisia 分解法、Asperses 因子分解法、改进的 Asperses 因子分解法、算术平均指数分解和对数平均分解法等。学者通过各种因素分解模型开展了很多环境变化的机理研究，但大多模型中包含残差项，导致影响因素分解不完全，所以构建无残差的因素分解模型成为影响因素分解的常用方法和手段。本节采用具有完全分解特性的 Laspeyrses 完全因素分解模型对河南省废水、废气和固体废物排放量的影响因素和作用机理展开研究。

假设目标变量 V 由 x 和 y 共同决定，即：$V=xy$。在某个时间段[0,t]内，变量的变化值 ΔV 可根据下式计算：

$$\Delta V = V_t - V_0 = x_t y_t - x_0 y_0 = (x_t - x_0)y_0 + (y_t - y_0)x_0 + (x_t - x_0)(y_t - y_0)$$
$$= y_0 \Delta x + x_0 \Delta y + \Delta x \Delta y \tag{4-5}$$

式中，$y_0 \Delta x$ 和 $x_0 \Delta y$ 分别是因素 x 和 y 的变化对目标变量 V 总变化的贡献；$\Delta x \Delta y$ 是完全分解模型中的剩余项。根据"共同导致，平等分配"的原则，完全分解模型将剩余项平均分配给因素 x 和 y。因此，两因素的完全分解模型为 $\Delta V = V_t - V_0$，而两个因素的贡献分别为

$$X_{\text{eff}} = y_0 \Delta x + \frac{1}{2}\Delta x \Delta y \, , \quad Y_{\text{eff}} = x_0 \Delta y + \frac{1}{2}\Delta x \Delta y \tag{4-6}$$

$$\Delta V = X_{\text{eff}} + Y_{\text{eff}} \tag{4-7}$$

若目标变量 V 由 n 个因素决定，即：$V = x_1 x_2 \cdots x_n$，则 $\Delta V = n$ 项 Δ 的 1 次幂的（Δx_i，$i=1,2,\cdots,n$）$+ \dfrac{n(n+1)}{2!}$ 项的 Δ 的 2 次幂（$\Delta x_i \Delta y_j$，$i \neq j$）$+ \dfrac{n(n-1)(n-2)}{3!}$ 项的 Δ 的 3 次幂（$\Delta x_i \Delta x_j \Delta x_k$，$i \neq j \neq k$）$+ \cdots +1$ 项 $\dfrac{n(n-1)(n-2)\cdots 2 \times 1}{3!}$ 的 Δ 的 n 次幂（$\Delta x_1 \Delta x_2 \Delta x_{n-1} \Delta x_n$）。根据"共同导致，平等分配"的原则，$n$ 因素的完全分解模型为

$$\Delta V = X_{1\text{eff}} + X_{2\text{eff}} + \cdots + X_{(n-1)\text{eff}} + X_{n\text{eff}}$$

且

$$X_{i\text{eff}} = \frac{V_0}{x_{i0}}\Delta x_i + \sum_{x \neq j}\frac{V_0}{2x_{i0}x_{j0}} + \sum_{x \neq j \neq k}\frac{V_0}{3x_{i0}x_{j0}x_{k0}} + \cdots + \frac{1}{n}\Delta x_i \Delta x_j \cdots \Delta x_n \tag{4-8}$$

2. 累积性环境污染物排放量的完全因素分解模型的构建

基于 Sun（1998）提出的因素完全分解模型，构建累积性环境污染物排放的因素完全分解模型，定量分析不同影响因素对河南省累积性环境污染物，即废水、废气和固体废物排放量变化的增量效应或减量效应。本节将废水、废气和固体废物排放量的变化看成经济规模、技术进步、产业结构调整三个因素共同作用的结果，即在[0,t]时间段内区域环境污染物排放量的变动由规模效应（G_{eff}）、产业结构调整效应（S_{eff}）、技术进步效应（T_{eff}）组成，则累积性环境污染物排放量的因素完全分解模型的表达式为

$$\text{NE}_t = G_t S_t T_t \tag{4-9}$$

式中，NE_t 为第 t 年的累积性环境污染物的排放总量；G_t、S_t、T_t 分别表示第 t 年

的经济规模、产业结构调整状况、技术进步状况，经济规模 G_t 用 GDP 来反映；产业结构调整状况 S_t 是工业 GDP 总量占整个 GDP 总量的比例，反映工业对能源消耗和污染物排放量的贡献，高能耗、高污染的行业比重越大，能源消费量和污染物排放量越大；技术进步状况 T_t 为单位工业产值的累积性污染物排放量，反映资源节约和资源高效利用等先进技术的应用情况。因此，构建累积性环境污染物排放量的因素分解模型，即废水、废气和固体废物排放量的因素完全分解模型的表达式为

$$\mathrm{NE}_t = G_t S_t T_t = \mathrm{GDP}_t \times \frac{(\text{废水排放总量})_t}{\text{工业GDP}_t} \times \frac{\text{工业GDP}_t}{\mathrm{GDP}_t} \qquad (4\text{-}10)$$

$$\mathrm{NE}_t = G_t S_t T_t = \mathrm{GDP}_t \times \frac{(\text{废气排放总量})_t}{\text{工业GDP}_t} \times \frac{\text{工业GDP}_t}{\mathrm{GDP}_t} \qquad (4\text{-}11)$$

$$\mathrm{NE}_t = G_t S_t T_t = \mathrm{GDP}_t \times \frac{(\text{固体废弃物排放总量})_t}{\text{工业GDP}_t} \times \frac{\text{工业GDP}_t}{\mathrm{GDP}_t} \qquad (4\text{-}12)$$

在[0,t]时间内累积性环境污染物排放量由经济规模效应（G_t）、技术进步效应（S_t）、产业结构调整效应（T_t）组成。假设基期指标（第 0 年）用下标 0 表示，第 t 年指标用下标 t 表示，则基期与第 t 年的污染物排放量可分别用 NE_0 和 NE_t 表示，t 年累积性环境污染物排放量变化量 $\Delta\mathrm{NE}$ 的计算式为

$$\Delta\mathrm{NE} = \mathrm{NE}_t - \mathrm{NE}_0 \qquad (4\text{-}13)$$

根据完全分解模型，因子 G、I、S 的变化对于 $\Delta\mathrm{NE}$ 的贡献分别为

$$G_{\mathrm{eff}} = S_0 T_0 \Delta G + \frac{1}{2}\Delta G(\Delta S T_0 + \Delta T S_0) + \frac{1}{3}\Delta G \Delta S \Delta T \qquad (4\text{-}14)$$

$$T_{\mathrm{eff}} = S_0 G_0 \Delta T + \frac{1}{2}\Delta T(\Delta S G_0 + \Delta G S_{00}) + \frac{1}{3}\Delta T \Delta S \Delta G \qquad (4\text{-}15)$$

$$S_{\mathrm{eff}} = \Delta S T_0 G_0 + \frac{1}{2}\Delta S(\Delta G T_0 + \Delta T G_{00}) + \frac{1}{3}\Delta S \Delta G \Delta T \qquad (4\text{-}16)$$

累积性环境污染物排放量在[0,t]时间内任意年段总变化量 $\Delta\mathrm{NE}$ 等于各种分解效应之和，即

$$\Delta\mathrm{NE} = G_{\mathrm{eff}} + S_{\mathrm{eff}} + T_{\mathrm{eff}} \qquad (4\text{-}17)$$

若 G_{eff}、S_{eff}、T_{eff} 为正值则表示经济规模、产业结构调整、技术进步变化对废水、废气和固体废物等累积性环境污染物的排放施加正向影响，即增加废水、废气及固体废物的排放量，其变化值表示各因素的增量效应；反之，负值则表示经济规模、产业结构调整、技术进步变化对废水、废气和固体废物等累积性环境污染物的排放施加负向影响，其变化值表示对各自的减量效应。利用上述分解模型，可以深入分析与揭示经济规模、技术进步和产业结构调整在不同时期对废水、废气及固体废物等累积性环境污染物排放量的影响机理。

4.3.2　河南省累积性环境污染物排放量的影响因素分解

1. 河南省累积性环境污染物排放影响因素分析

表 4-10 所示为 2006～2016 年河南省工业结构特征及废水、废气和固体废物排放的产污系数。结果显示，2006～2016 年河南省的工业部门结构并未发生较大变化，高污染部门在工业总产值中依然占据较大的比重。2006～2016 年多年工业总产值占 GDP 的比重均值为 40.39%，并在 2009 年和 2011 年上升到了 49.00% 和 44.38%，表明河南省工业结构比重仍然较高，高污染、高消耗的排放部门比重较高的结构特征突出。但自 2012 年起，工业产值占 GDP 总量的比例不断下降，2016 年下降到了 30.90%。可见，近年来河南省在产业结构调整方面取得了一定进展。

表 4-10　2006～2016 年河南省工业结构特征及废水、废气和固体废物排放的产污系数

年份	工业产值/亿元	工业产值/GDP/%	废水产污系数/(t/万元)	废气产污系数/(t/万元)	固体废物产污系数/(t/万元)
2006	4 896.01	39.18	56.79	0.05	1.52
2007	6 031.21	40.17	49.16	0.04	1.47
2008	7 508.33	40.79	41.18	0.03	1.27
2009	9 546.08	49.00	34.99	0.02	1.13
2010	9 900.27	42.87	36.23	0.02	1.08
2011	11 950.88	44.38	31.71	0.02	1.22
2012	12 402.11	41.90	32.55	0.02	1.23
2013	13 037.48	40.50	31.65	0.01	1.25
2014	13 695.79	39.20	30.87	0.02	1.16
2015	13 098.76	35.40	33.09	0.02	1.12
2016	12 505.78	30.90	32.15	0.01	1.14
均值	10 415.70	40.39	37.31	0.02	1.24

将污染物排放量除以工业产值，即获得污染物的产污系数。结果显示，2006～2016 年废水产污系数基本呈不断下降趋势，从 2006 年的 56.79t/万元降低到 2016 年的 32.15t/万元，整体下降幅度为 43.39%。废气产污系数也不断下降，从 2006 年的 0.05t/万元降低到 2016 年的 0.01t/万元，整体下降幅度高达 80.00%。固体废物的产污系数也呈不断下降趋势，但是下降速度较为缓慢，从 2006 年的 1.52t/万元降低到 2016 年的 1.14t/万元，整体下降幅度为 25.00%。

结果表明，2006～2016 年河南省工业部门的生产工艺有了较大改进，污染物排放治理方面的投入，末端治理设施的投入使用，在一定程度上降低了单位产值的污染物排放量，产污系数降低明显。此外，河南省在废气排放方面的控制效果要远远优于废水和固体废物的排放控制，这与近年来河南省着力开展大气污染防治有密切关系。

2. 基于因素分解模型的河南省污染物排放量影响因素分解

1）废水排放量的影响因素分解

运用完全因素分解模型计算获得了 2006～2016 年不同年度经济规模、产业结构调整和技术进步三个因素对河南省废水、废气和固体废物排放规模变化的贡献度（表 4-11～表 4-13）。通过分析各因素贡献度大小及其变化，可识别不同因素对于河南省废水、废气和固体废物等累积性环境污染物排放量变化的贡献方向及其程度。

表 4-11 所示为 2006～2016 年河南省废水排放的主要影响因素及贡献度。结果显示，2006～2016 年经济规模、产业结构调整和技术进步三个因素的叠加效应导致河南省废水排放量总体呈现不断上升的趋势。2006～2016 年河南省年度变化均值为 1.24 亿 t。其中，经济规模、产业结构调整和技术进步三个因素的贡献值分别为 4.17 亿 t、-1.13 亿 t 和 -1.80 亿 t。

表 4-11　2006～2016 年河南省废水排放的主要影响因素及贡献度

年度	废水排放		经济规模		产业结构调整		技术进步	
	变化值	贡献度	贡献值	贡献度	贡献值	贡献度	贡献值	贡献度
2006～2007	1.84	100.00	5.29	286.66	0.72	39.18	-4.17	-225.83
2007～2008	1.27	100.00	6.21	487.74	0.46	36.32	-5.40	-424.06
2008～2009	2.48	100.00	1.83	73.81	5.92	238.91	-5.27	-212.71
2009～2010	2.47	100.00	5.91	239.12	-4.65	-188.24	1.21	49.12
2010～2011	2.03	100.00	5.69	279.83	1.28	62.75	-4.93	-242.59
2011～2012	2.47	100.00	3.70	149.72	-2.25	-91.06	1.02	41.34
2012～2013	0.89	100.00	3.43	385.18	-1.39	-155.97	-1.15	-129.22
2013～2014	1.02	100.00	3.42	335.49	-1.36	-133.70	-1.04	-101.79
2014～2015	1.07	100.00	2.46	229.97	-4.37	-408.70	2.98	278.73
2015～2016	-3.14	100.00	3.75	-119.54	-5.69	181.07	-1.21	38.47
均值	1.24	100.00	4.17	234.80	-1.13	-41.94	-1.80	-92.85
2006～2016 总值	12.41	100.00	44.07	355.16	-9.28	-74.77	-22.38	-180.40

2006～2016 年经济规模效应均为正值，介于 1.83 亿～6.21 亿 t，规模效应的均值为 4.17 亿 t，表明经济规模的增长是造成河南省废水排放量增加的主要因素。2006～2016 年规模效应基本呈"先高后低"的趋势，其中 2007～2008 年规模效应最为明显，达 6.21 亿 t，2008～2009 年规模效应最弱，为 1.83 亿 t。河南省废水排放的产业结构调整效应呈现不断波动的特点，介于-5.69 亿～5.92 亿 t，部分年份出现增量效应。其中，2008～2009 年产业结构调整增量效应最为明显，达 5.92 亿 t，这可能与 2008 年的国家经济刺激政策有关，但产业结构调整效应均值为负值(-1.13 亿 t)，说明河南省产业结构调整在一定程度上抑制了废水的排放。2006～2016 年技术进步效应值介于-5.40 亿～2.98 亿 t，多年技术效应均值为-1.80 亿 t。

说明若其他因素保持不变，技术效应可使河南省废水排放量下降 1.80 亿 t/a。

2）废气排放量的影响因素分解

表 4-12 所示为 2006～2016 年河南省废气排放的主要影响因素和贡献度，通过对河南省 2006～2016 年废气排放量的动态变化做出因素分解，分析经济规模、产业结构调整和技术进步等因素的变化引起的废气排放的增量或减量效应。结果显示，经济规模、产业结构调整和技术进步三个因素的叠加效应导致河南省废气排放量总体基本呈现"先不断下降、再升高、再下降"的趋势。2006～2016 年河南省废气排放量年度变化值为-15.79 万 t，其中经济规模、产业结构调整和技术进步三个因素的贡献值分别为 23.79 万 t、-3.64 万 t 和-35.94 万 t。

表 4-12　2006～2016 年河南省废气排放的主要影响因素及贡献度

年度	废气排放		经济规模		产业结构调整		技术进步	
	变化值	贡献度	贡献值	贡献度	贡献值	贡献度	贡献值	贡献度
2006～2007	-14.45	100.00	43.51	-301.18	5.94	-41.09	-63.89	442.27
2007～2008	-21.10	100.00	44.83	-212.46	3.33	-15.79	-69.26	328.25
2008～2009	-11.36	100.00	11.50	-101.20	37.26	-328.03	-60.12	529.23
2009～2010	-6.68	100.00	32.79	-490.83	-25.74	385.36	-13.73	205.47
2010～2011	15.35	100.00	30.22	196.86	6.78	44.16	-21.65	-141.01
2011～2012	-16.30	100.00	18.53	-113.70	-11.25	69.02	-23.58	144.68
2012～2013	1.96	100.00	15.84	808.14	-6.41	-327.19	-7.47	-380.94
2013～2014	18.50	100.00	16.27	87.94	-6.49	-35.07	8.72	47.13
2014～2015	-8.99	100.00	11.70	-130.10	-20.77	230.99	0.08	-0.89
2015～2016	-114.80	100.00	12.72	-11.08	-19.00	16.55	-108.52	94.53
均值	-15.79	100.00	23.79	-26.76	-3.64	-0.11	-35.94	126.87
2006～2016	-157.87	100.00	283.64	-179.67	-53.36	33.80	-388.14	245.87

2006～2016 年经济规模效应均为正值，介于 11.50 万～44.83 万 t，增量效应的均值为 23.79 万 t。这表明经济规模的增长是造成河南省废气排放量增加的主要因素。2006～2016 年经济规模效应呈"先强后弱"的趋势，其中 2007～2008 年经济规模效应最为明显，达 44.83 万 t，2008～2009 年规模效应最弱，为 11.50 万 t。河南省废气排放的产业结构调整效应呈现不断波动的特点，介于-25.74 万～37.26 万 t，部分年份出现增量效应，但产业结构调整效应均值为负值（-3.64 万 t）。其中，2008～2009 年的产业结构调整效应为 37.26 万 t，这同样可能与 2008 年的国家经济刺激政策有关，一定程度上增加了废气的排放总量；而且自 2012 年起，产业结构调整对河南省废气排放的减量效应不断增加，如 2014～2015 年达到-20.77 万 t。2006～2016 年技术进步效应介于-108.52 万～8.72 万 t，多年技术进步效应均值为-35.94 万 t，也就是说若其他因素保持不变，技术进步效应可使河南省废气排放量下降 35.94 万 t/a。

3）固体废物排放量的影响因素分解

表4-13所示为2006～2016年河南省固体废物排放的主要影响因素和贡献度。总体上，经济规模、产业结构调整和技术进步三个因素的叠加效应导致 2006～2016年河南省固体废物的排放量呈不断增加的趋势。2006～2016年河南省固体废物排放量年度变化值为 679.20 万 t，其中经济规模、产业结构调整和技术进步三个因素的贡献均值分别为 1 395.18 万 t、−424.99 万 t 和−290.98 万 t。

表 4-13　2006～2016 年河南省固体废物排放的主要影响因素及贡献度

年度	固体废物排放		经济规模		产业结构调整		技术进步	
	变化值	贡献度	贡献值	贡献度	贡献值	贡献度	贡献值	贡献度
2006～2007	1 386.96	100.00	1 493.56	107.69	204.40	14.74	−311.00	−22.42
2007～2008	706.09	100.00	1 882.90	266.67	140.28	19.87	−1 317.09	−186.53
2008～2009	1 229.15	100.00	577.51	46.98	1 868.42	152.01	−1 216.78	−98.99
2009～2010	−71.82	100.00	1 836.04	−2 556.45	−1 442.54	2 008.54	−465.32	647.90
2010～2011	3 863.14	100.00	1 928.07	49.91	433.45	11.22	1 501.62	38.87
2011～2012	673.33	100.00	1 409.64	209.35	−857.12	−127.30	120.81	17.94
2012～2013	1 019.61	100.00	1 322.87	129.74	−535.88	−52.56	232.62	22.81
2013～2014	−355.68	100.00	1 319.28	−370.92	−525.52	147.75	−1 149.43	323.17
2014～2015	−1 191.93	100.00	880.16	−73.84	−1 562.05	131.05	−510.04	42.79
2015～2016	−466.84	100.00	1 301.73	−278.84	−1 973.37	422.71	204.80	−43.87
均值	679.20	100.00	1 395.18	−246.97	−424.99	272.80	−290.98	74.17
2006～2016	6 792.01	100.00	13 133.32	193.36	−2 847.30	−41.92	−3 494.01	−51.44

2006～2016 年经济规模效应均为正值，介于 577.51 万～1 928.07 万 t，增量效应的均值为 1 395.18 万 t。这表明经济规模的增长也是造成河南省固体废物排放量增加的主要因素，而且 2006～2016 年经济规模效应呈波动变化的趋势，其中 2010～2011 年规模效应最为明显，达 1 928.07 万 t；2008～2009 年经济规模效应最弱，为577.51 万 t。河南省固体废物排放的产业结构调整效应呈现不断波动的特点，介于−1973.37 万～1 868.42 万 t，其中 2011～2016 年的减量效应明显，介于−1 973.37 万～−525.52 万 t；2006～2016 年产业结构调整效应均值为−424.99 万 t。2006～2016 年技术进步效应值介于−1 317.09 万～1 501.62 万 t，但是多年技术效应均值为−290.98 万 t。

4.4　讨论与分析

综上可知，2006～2016 年河南省废水、废气和固体废物的排放量分别介于27.80 亿～43.35 亿 t（2006 年最低，为 27.80 亿 t；2015 年最高，为 43.35 亿 t）、

84.24 万～242.11 万 t（2016 年最低，为 84.24 万 t；2006 年最高，为 242.11 万 t）、
7 463.62 万～16 270.08 万 t（2006 年最低，为 7 463.62 万 t；2013 年最高，为 16 270.08
万 t）。2006～2016 年河南省废水排放量呈不断上升趋势，废气排放量总体呈波动
下降趋势，固体废物排放量总体呈"先升高、再下降"的趋势。2006～2016 年，
河南省废水排放总量虽然有增加，但是增加幅度较缓，年均增加 3.26%；废气排
放总量年均下降 5.93%；固体废物的排放量年均增加幅度为 4.92%。可见河南省
在累积性污染物排放控制和治理方面，废气排放控制效果要好于废水排放，废水
排放控制效果要好于固体废弃物的排放控制。同时，河南省废水、废气和固体废
物的排放空间差异明显，总体上河南省北部城市废水、废气和固体废物的排放量
要高于南部城市。

　　通过环境 EKC 曲线模型检验发现，河南省废水、废气和固体废物的排放与
GDP 总量、工业 GDP 总量之间均呈倒 N 形曲线关系，说明河南省废水、废气和
固体废物的排放量均随着 GDP 总量和工业 GDP 总量的提高先减少，后增加，最
后又进一步减少。

　　马丽（2016）对中国工业废水的排放影响因素分解研究发现，2001 年以来中
国的工业总产值不断增长，但是工业废水排放已基本进入稳定阶段，这主要归因
于工业技术和污染物治理技术的进步大大削减工业污染物排放规模的增长，即单
位工业产值的工业废水排放量不断降低，在一定程度上平衡了工业规模扩大导
致的工业废水排放增长。20 世纪 90 年代，我国颁布了《污水综合排放标准》
（GB8978—1996），2006 年颁布了《煤炭工业污染物排放标准》（GB 20426—2006）
和《皂素工业水污染物排放标准》（GB 20425—2006）对其进行完善和提高，2008
年《中华人民共和国水污染防治法》颁布实施，促进了工业企业改进生产工艺、
提高中水回用和终端污水治理，在市场和法律、技术等因素的共同作用下，主要
高污染部门单位产值的废水排放量不断下降，由此驱动工业废水排放在经历 2007
年的峰值后，开始逐步下降（Zhao et al.，2009）。河南省的废水排放量虽然呈不
断增加的趋势，但单位 GDP 的废水排放量，即产物系数也不断降低，说明河南省
在企业工艺升级、污水的末端治理等方面亦取得了一定成效。

　　1996 年，我国政府颁布实施了《大气污染物综合排放标准》（GB 16297—
1996），之后人们对大气污染问题更为重视。2000 年对《中华人民共和国大气污
染防治法》进行修订，之后陆续颁布了《燃煤二氧化硫排放污染防治技术政策》、
《火电厂大气污染物排放标准》（GB 13223—2003、GB 13223—2011）、《煤炭工业
污染物排放标准》（GB 20426—2006）、《燃煤发电机组脱硫电价及脱硫设施运行
管理办法（试行）》等系列文件，从排放浓度和排放速率等方面提高了重点行业的
污染排放标准。而且，随着中国北方，特别是华北地区雾霾天气的越来越严重，
我国政府不断运用经济手段和政策手段，鼓励重污染行业企业采取节能减排和脱

硫脱硝等大气污染综合治理措施，淘汰落后产能和工艺，由此促使单位产值的废气排放量不断下降，在一定程度上缓解了经济规模增加对废气排放总量增长的促进作用。

学者研究（Chen，2015；Zheng et al.，2015；谢守红等，2013）发现，2001～2013 年以煤炭开采和洗选业、农副食品加工业、纺织业、造纸和纸制品业、化学原料和化学制品制造业、黑色金属冶炼及压延加工业、有色金属冶炼及压延加工业、电力热力生产和供应业等部门为代表的高污染工业部门在我国工业部门中比例从 45% 增加到 54%，污染型产业部门的比重越来越高。这与河南省的产业结构变化情况比较一致，但是自 2013 年以后，河南省工业产值占 GDP 总量的比重逐渐下降，说明产业结构得到了不断调整和优化，在很大程度上也缓解了经济规模增加导致的累积性环境污染物的排放。

4.5　本章小结

本章在河南省废水、废气和固体废物等主要累积性环境污染物时空分布特征分析基础上，运用 EKC 假设模型分析河南省污染物排放与经济发展之间的关系，然后基于 Laspeyrses 完全分解模型构建河南省累积性污染物排放因素分解模型，建立了废水、废气和固体废物等累积性环境污染排放与经济规模、产业结构和技术进步等因素之间的物质联系，解析了经济规模、技术进步和产业结构调整等因素对河南省主要累积性环境污染物排放量变化的贡献度，研究判断了影响河南省废水、废气和固体废物排放变化的主要驱动因素和作用机制。

（1）时空变化特征上，2006～2016 年河南省废水排放量和固体废物的排放量总体呈"先下降、再增加、再下降"的趋势，废气排放量呈不断下降趋势，废水、废气和固体废物的排放量和排放密度空间差异明显。其中，废水的排放密度呈中北部城市大于南部城市的趋势，郑州和焦作的废水排放密度最高，分别达到 9.30 万 t／（a·km²）和 6.75 万 t／（a·km²）；废气的排放密度也呈北部城市大于南部城市趋势，其中，安阳和济源的废气排放密度最高，分别为 29.83t／（a·km²）和 35.68t／（a·km²）；固体废物排放的空间变化相对于废水和废气更加明显，其中，焦作、济源、平顶山、鹤壁的固体废物排放密度最高，分别为 2 388.97 t／（a·km²）、3 099.02 t／（a·km²）、2 782.19 t／（a·km²）、2388.16 t／（a·km²）。

（2）河南省废水、废气和固体废物的 EKC 检验结果比较一致，本章分别利用 GDP 总量和工业 GDP 总量数据与废水、废气和固体废物排放量数据进行 EKC 检验，发现废水、废气和固体废物排放量与 GDP 总量、工业 GDP 总量之间均符合三次多项式的 EKC 拟合，而且倒 N 形曲线关系说明废水、废气和固体废物排放量均随着 GDP 总量和工业 GDP 总量的提高呈现"先减少，后增加，最后又进一步减少"的特点。

（3）经济规模的增加是河南省废水、废气和固体废物排放量变化的主要驱动因素，增量效应十分明显，且对不同污染物排放量的增量效应贡献度不同。从贡献值上看，2006～2016 年经济规模对废水、废气和固体废物排放量的贡献均值分别为 4.17 亿 t、23.79 万 t 和 1 395.18 万 t，总贡献值分别为 44.07 亿 t、283.64 万 t 和 13 133.32 万 t。

（4）产业结构调整和技术进步是造成河南省废水、废气和固体废物排放量变化的主要因素。结果分析表明，自 2011 年起河南省工业 GDP 总量占 GDP 总量的比重逐渐降低，产业得到不断调整和优化，在不同程度上降低了环境污染物的排放量，2006～2016 年因为产业结构调整和优化对废水、废气、固体废物排放量的贡献均值分别为-1.13 亿 t、-3.64 万 t 和-424.99 万 t，总共贡献值分别为-9.28 亿 t、-53.36 万 t 和-2 847.30 万 t。

（5）河南省废水、废气和固体废物的排污系数总体呈不断下降趋势，其中废水和废气的排污系数下降最为明显，说明技术进步、能耗的降低可以有效减少累积性环境污染物的排放，且对废水和废气排放的抑制作用最为明显。2006～2016 年，技术进步对废水、废气、固体废物排放量的贡献值分别为-1.80 亿 t、-35.94 万 t 和-290.98 万 t，总贡献值分别为-22.38 亿 t、-388.14 万 t 和-3 494.01 万 t。

综上所述，本章对河南省关于废水、废气和固体废物的排放，给出如下建议：

（1）进一步加大环境保护力度，出台严格的环境管控措施。依据 EKC 假说的观点，当处于环境污染物排放量随经济增长而增大的阶段，应采取宽松的环境管控政策。此时经济增长还依赖于消耗环境资源，若采取严格的管控措施，会抑制经济增长。然而，当两者呈反向变动关系时，则可采取严格的环境政策，以达到环境与经济的双赢状态。根据本章的结果分析，河南省废水、废气和固体废物的排放与经济发展指标之间呈倒 N 形曲线关系，且已处于下降阶段。因此，可采用严格的环境管控措施，以弥补前期经济建设过程中对资源环境的破坏效应。

（2）进一步转变经济发展方式，降低工业 GDP 单位能耗。单位工业 GDP 总量的废水、废气和固体废物的排放反映了能源消费结构和经济增长方式，单位能耗的降低对污染物排放具有重要的抑制作用，降低能耗将成为河南省环境污染治理的重要抓手与手段。具体而言，可选择效率高的能源品种，并切实推进由传统生产要素投入向现代生产要素投入的改变，实现从粗放型经济增长方式到集约型经济增长方式的转变，以有效降低工业 GDP 单位能耗。

（3）进一步加大对重工业清洁生产技术研发投入，提高清洁生产技术水平。结果表明，技术进步是河南省废水、废气和固体废物等累积性环境污染物排放较为重要的抑制因素，因此应进一步加强清洁生产技术水平的提升，增强其抑制效应。未来随着中原经济区建设和中原城市群的建设，以及发达地区的产业转移，重工业仍将是河南省未来的发展重点，环境污染防治工作任务仍然十分艰巨，因此要严格控制准入门槛，同时要尽快加大对重工业清洁生产技术的研发投入，并出台相关的激励措施，通过清洁生产技术水平的提升达到污染物减量排放的目的。

参 考 文 献

陈向阳，2015. 环境库兹涅茨曲线的理论与实证研究[J]. 中国经济问题（3）：51-62.

段晓峰，许学工，2010. 山东省污染物排放与经济发展水平的关系[J]. 地理科学进展，29（3）：342-346.

高晓路，翟国方，2008. 天津市海岸带环境的空间价值及其政策启示[J]. 地理科学进展，27（5）：1-11.

李双成，赵志强，王仰麟，2009. 中国城市化过程及其资源与生态环境效应机制[J]. 地理科学进展，28（1）：63-70.

李英，王中根，彭少麟，等，2008. 土地利用方式对珠江河口生态环境的影响分析[J]. 地理科学进展，27（3）：55-59.

林伯强，蒋竺均，2009. 中国二氧化碳的环境库兹涅茨曲线预测及影响因素分析[J]. 管理世界（4）：27-36.

凌立文，蔡超敏，余平祥，等，2016. 广东省经济增长与工业三废关系研究：基于数量脱钩与速度脱钩的视角[J]. 中国管理科学，24（s1）：948-954.

凌立文，张大斌，2017. 广东省工业"三废"EKC 曲线检验及影响因素研究：基于 Kaya 恒等式与 LMDI 分解法[J]. 生态经济，33（6）：161-166.

卢晓彤，卢忠宝，宋德勇，2012. 基于阈值面板模型的我国环境库兹涅茨曲线假说再检验[J]. 管理学报，9（11）：1689-1696.

马丽，2016. 基于 LMDI 的中国工业污染排放变化影响因素分析[J]. 地理研究，35（10）：1857-1868.

孟祥海，周海川，张俊飚，2015. 中国畜禽污染时空特征分析与环境库兹涅茨曲线验证[J]. 干旱区资源与环境，29（11）：104-108.

欧阳婉桦，涂良军，2014. 基于 Logistic 的长江上游地区工业污染 EKC 检验分析[J]. 生态经济，30（10）：164-169.

齐志新，陈文颖，2006. 结构调整还是技术进步？——改革开放后我国能源效率提高的因素分析[J]. 上海经济研究（6）：8-16.

宋丽颖，刘源，2014. 地方经济增长与环境质量：基于陕西省环境收入曲线的实证分析[J]. 西安交通大学学报（社会科学版），34（6）：70-77.

苏飞，张平宇，2009. 基于生态系统服务价值变化的环境与经济协调发展评价：以大庆市为例[J]. 地理科学进展，28（3）：471-477.

佟金萍，马剑锋，刘高峰，2011. 基于完全分解模型的中国万元 GDP 用水量变动及因素分析[J]. 资源科学，33（10）：1870-1876.

王凯，肖燕，刘浩龙，等，2016. 中国服务业 CO_2 排放的时空特征与 EKC 检验[J]. 环境科学研究，29（2）：306-314.

王良健，邹雯，黄莹，等，2009. 东部地区环境库兹涅茨曲线的实证研究[J]. 海南大学学报（人文社会科学版），27（1）：57-62.

吴昌南，刘俊仁，2012. 江西省经济增长与工业三废排放水平关系的实证研究[J]. 经济地理，32（3）：146-152.

谢守红，王利霞，邵珠龙，2013. 中国碳排放强度的行业差异与动因分析[J]. 环境科学研究，26（11）：1252-1258.

许广月，宋德勇，2010. 中国碳排放环境库兹涅茨曲线的实证研究：基于省域面板数据[J]. 中国工业经济（5）：37-47.

张明志，2015. 我国制造业细分行业的碳排放测算：兼论 EKC 在制造业中的存在性[J]. 软科学，29（9）：113-116.

郑义，赵晓霞，2014. 环境技术效率、污染治理与环境绩效：基于 1998～2012 年中国省级面板数据的分析[J]. 中国管理科学，22（s1）：767-773.

CHEN S Y, 2015. Environmental pollution emission, regional productivity growth and ecological economic development in China[J]. China economic review, 35:171-182.

GROSSMAN G M, KRUEGER A B, 1993. Environmental impacts of a north American free trade agreement[J]. National bureau of economic research working papers, W3914.

KIJIMA M, NISHIDE K, OHYAMA A, 2010. Economic models for the environmental Kuznets curve: a survey[J]. Journal of economic dynamics & control, 34(7): 1187-1201.

LANTZ V, FENG Q, 2006. Assessing income, population, and technology impacts on CO_2 emissions in Canada: where's the EKC? [J]. Ecological economics, 57(2): 229-238.

ROCA J, PADILLA E, FARRÉ M, et al., 2001. Economic growth and atmospheric pollution in Spain: discussing the environmental Kuznets curve hypothesis[J]. Ecological economics, 39(1): 85-99.

SHAFIK N, BANDYOPADHYAY S, 1992. Economic growth and environmental quality: time series and cross-country evidence[R]. Policy Research Working Paper Series from the World Bank. Washington D.C.: World Bank: 8-19.

SUN J W, 1998. Change in energy consumption and energy intensity: a complete decomposition model[J]. Energy economics, 20(1):85-100.

ZHAO N, LIU Y, CHEN J N, 2009. Regional industrial production's spatial distribution and water pollution control: a plant-level aggregation method for the case of a small region in China[J]. Science of the total environment, 407(17):4946-4953.

ZHENG S M, YI HT, LI H, 2015. The impacts of provincial energy and environmental policies on air pollution control in China[J]. Renewable and sustainable energy review, 49:386-394.

第5章 河南省突发性环境污染事故发生
频数的时间变化特征与发生机理分析

突发性环境污染事故是当今世界各国均面临的一个重大环境问题。据英国核安全局统计，全世界平均每年有 200 多起严重污染事故发生，造成重大人员伤亡、财产损失和环境污染破坏。例如，1984 年印度博帕尔市的农药厂甲基异氰酸酯毒气泄漏事件和 1986 年苏联的乌克兰共和国切尔诺贝利核泄漏事件均是震惊世界的重大环境污染事故。近年来，我国突发性环境污染事故也愈发频繁，并造成严重损失。例如，2004 年，重庆天原化工厂发生氯气泄漏事件，造成 15 万人转移；2005 年，吉林石化双苯厂发生爆炸，造成松花江严重污染；2010 年，吉林数千只化学原料桶被冲入松花江，引起流域性用水恐慌。因此，突发性环境污染事故已成为我国经济和社会可持续发展的重要制约因素。

降低突发性环境污染事故风险是构建和谐社会和实现可持续发展的必要条件。2007 年，加强突发性事件的防范与应对首次以法律的形式写入《中华人民共和国突发事件应对法》；2008 年，胡锦涛在两院院士大会上强调"加快遥感、地理信息系统、全球定位系统、网络通信技术的应用以及防灾减灾高技术成果转化和综合集成，建立国家综合减灾和风险管理信息共享平台，完善国家和地方灾情监测、预警、应急救助指挥体系"（胡涛，2018）。党的十八大以来，"对于我们深刻认识生态文明建设的极端重要性，坚持和贯彻新发展理念，正确处理好经济发展同生态环境保护的关系，坚定不移走生产发展、生活富裕、生态良好的文明发展道路，推进美丽中国建设，努力走向社会主义生态文明新时代，实现'两个一百年'奋斗目标、实现中华民族伟大复兴的中国梦，具有十分重要的意义""习近平同志关于生态文明建设的重要论述，立意高远，内涵丰富，思想深刻，具有很强的战略性、前瞻性、指导性，为我们坚持绿色发展理念，加强生态文明建设，保护全球生态安全，实现中华民族永续发展，提供了基本遵循"（石璐言，2017）。习近平指出"良好生态环境是最公平的公共产品，是最普惠的民生福祉""环境就是民生，青山就是美丽，蓝天也是幸福。要像保护眼睛一样保护生态环境，像对待生命一样对待生态环境，把不损害生态环境作为发展底线。""在生态环境保护上一定要算大账、算长远账、算整体账、算综合账，不能因小失大、顾此失彼、寅吃卯粮、急功近利"（白宇，2018）。建设生态文明，保护生态环境，是一项跨越时代的伟大工程，是一件需要长期坚持的系统工程，唯有坚持不懈，久久为功，才能不负时代使命，不负历史责任。

河南省作为我国的经济大省和全国农业生产基地之一，2017 年 GDP 总量列全国第五位、中西部第一位。但随着社会经济迅速发展，产业结构不合理、产业布局失衡等导致河南省环境污染问题日益严峻，突发性环境污染事故频发。2011年 9 月 28 日，《国务院关于支持河南省加快建设中原经济区的指导意见》（国发〔2011〕32 号）的颁布实施，标志着中原经济区建设上升为国家发展战略。中原经济区是以河南省为主体，包含山东、山西、湖北、安徽省部分地区的综合性经济区（徐欢欢等，2012）。《中原经济区规划（2012—2020 年）》强调加快转变经济发展方式，强化新型城镇化引领作用、新型工业化主导作用、新型农业现代化基础作用，努力开创"三化"协调科学发展新局面。中原经济区的建设是河南省经济崛起的重大机遇，然而在区域开发建设，特别是大力发展工业、承接东部地区产业转移的背景下，河南省面临的环境风险形势也将更加严峻。因此，加强河南省突发环境污染事故风险研究，分析河南省突发环境污染事故的发生规律，分析其发生与经济发展水平、产业布局、产业结构、工业企业发展等因素的相互关系，揭示河南省突发环境污染事故的发生机理并提出相应的管理措施，对保障河南省经济的平稳发展、构建和谐社会具有重要理论意义和实践意义。

突发性环境污染事故不同于一般的环境污染，它没有固定的排放方式和排放途径，发生突然，来势凶猛，瞬间即可排放大量的污染物，对环境造成破坏，给人民生命与生产安全构成巨大威胁。目前，国内学者已经对环境污染事故发生成因、影响因素等方面进行了初步研究分析。例如，吴宗之等（2006）开展了 200起危险化学品公路运输事故的统计分析及对策研究；高建刚等（2007）对危险货物道路运输事故进行了统计分析；赵来军等（2009）针对环境污染事故历史时序资料，对我国危险化学品事故进行统计分析，提出了相应的管理对策；杨洁等（2010）研究了我国环境污染事故发生与经济发展的动态关系，探讨了不同的经济条件下影响环境污染事故发生的外部因素；李静等（2008）对我国突发性环境污染事故时空格局及影响进行研究，通过突发环境污染事故的风险综合区划，揭示了我国突发性环境污染事故风险的空间分布特征，并探讨了突发性环境污染事故的发生频率与经济发展之间的关系；杨洁等（2013）基于因素分解方法，构建了环境污染事故频数变化的完全因素分解模型，并对我国 1991～2010 年的相关数据进行实证分析，探讨了经济规模、污染治理资金投入规模和风险控制技术水平等因素对突发性环境污染事故频数变化的贡献。本章将在河南省突发性环境污染事故发生频数时间变化特征分析基础上，运用 EKC 模型和完全因素分解模型分析河南省突发性环境污染事故发生机理，以期为未来河南省环境污染事故风险管理提供依据。

5.1　河南省突发性环境污染事故发生频数特征

5.1.1　研究方法

1. 数据获取

本章数据资料主要来源于 1996～2017 年《中国统计年鉴》和《中国环境统计年鉴》，主要获取了 1995～2016 年河南省环境污染事故历史数据，以及 1995～2012 年水环境污染事故、大气环境污染事故、固体废物污染事故的历史数据资料。

2. 数据的处理分析

采用 Excel 2010 对 1995～2016 年河南省突发性环境污染事故发生频数，以及 1995～2012 年水环境、大气和固体废物污染事故发生频数进行统计分析，揭示其时间动态变化特征。

5.1.2　河南省突发性环境污染事故发生频数的时间变化特征

1. 突发性环境污染事故发生频数时间变化特征

图 5-1 所示为 1995～2016 年河南省突发性环境污染事故发生频数的时间变化特征。1995～2016 年河南省环境污染事故发生 4～61 起/年，年均 19.6 起，共计发生各类环境污染事故 431 起。其中，1995 年事故发生频数最高，为 61 起；2016 年事故发生频数最低，为 4 起。结果显示，1995～2016 年河南省突发性环境污染事故发生频率总体呈波动下降的趋势，说明河南省在突发性环境污染事故控制方面成效明显，但不断波动的变化特征也说明河南省突发性环境污染事故风险形势依然严峻，防控压力依然较大。

2. 水环境污染事故发生频数的时间变化特征

图 5-2 所示为 1995～2012 年河南省水环境污染事故发生频数的时间变化特征。1995～2012 年河南省水环境污染事故发生 1～27 起/年，共发生 146 起。其中，1995 年水环境污染事故发生频数最高，为 27 起；2009 年事故发生次数最低，为 1 起。结果显示，1995～2012 年河南省水环境污染事故发生频数总体呈不断下降的态势。

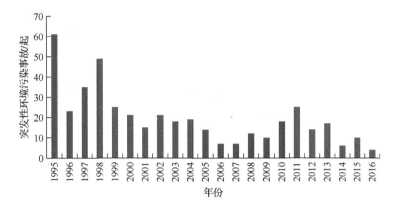

图 5-1　1995~2016 年河南省突发性环境污染事故发生频数的时间变化特征

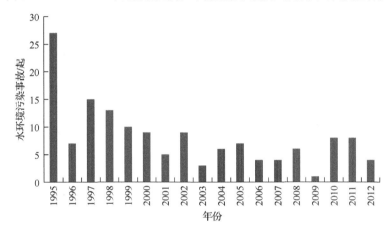

图 5-2　1995~2012 年河南省水环境污染事故发生频数的时间变特征

3. 大气环境污染事故发生频数的时间变化特征

图 5-3 所示为 1995~2012 年河南省大气环境污染事故发生频数的时间变化特征。1995~2012 年河南省大气环境污染事故发生 2~32 起/年，共计发生 202 起，年均 11.2 起。1995 年发生大气环境污染事故最多，为 32 起，2008 年发生大气环境污染事故最少，为 2 起。

4. 固体废物污染事故发生频数时间变化特征

图 5-4 所示为 1995~2012 年河南省固体废物污染事故发生频数的时间变化特征。1995~2012 年河南省固体废物环境污染事故共发生 5 起，事故发生频率较低，属于偶发性事件，零星发生。但是固体废物环境污染事故一旦发生，易造成严重的水体污染、土壤污染乃至大气污染等次生灾害，因此对固体废物污染事故的控

制和管理应给予足够的重视。

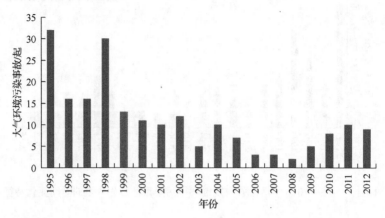

图 5-3　1995～2012 年河南省大气环境污染事故发生频数的时间变化特征

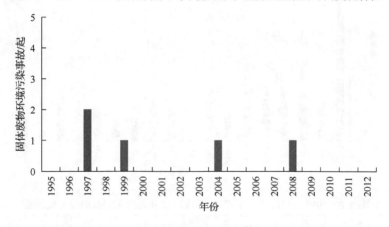

图 5-4　1995～2012 年河南省固体废物污染事故发生频数的时间变化特征

5.2　基于 EKC 模型的河南省突发性环境污染事故发生机理分析

　　研究环境污染事故发生的机理是有效开展环境污染事故风险管理、降低事故发生概率的前提和依据。近年来，环境污染事故受到学术界广泛关注，但研究大多集中于环境污染事故的时空分布特征分析（李静等，2008），外部影响因素分析（杨洁等，2010）、风险综合区划（薛鹏丽等，2011），基于 GIS 的环境污染物时空迁移、扩散模拟（李林子等，2011），快速处置技术和应急决策系统研究等（饶清华等，2010），对区域环境污染事故发生机理及其发展演化趋势的研究相对较少，限制了突发性环境污染事故风险管理的进一步发展（凌亮等，2012；李静等，2008）。因此，本章以河南省为研究对象，运用 EKC 模型，分析河南省经济发展与环境污染事故之间的相互关系，探讨不同经济发展阶段河南省突发性环境污染事故发生的动态演化规律和未来发展态势。

5.2.1　研究方法

1. 资料获取与处理分析

本节数据资料主要来源于 1996～2017 年《中国统计年鉴》、《中国环境统计年鉴》及《河南省统计年鉴》，主要获取了河南省突发性环境污染事故历史数据及其经济规模（GDP 总量）、工业总产值（工业 GDP 总量）等数据，并采用 EKC 模型分析 GDP 总量、工业 GDP 总量与河南省突发性环境污染事故发生频数的关系。

2. 突发性环境污染事故 EKC 模型构建

本章借助于 SPSS 19.0 软件模拟经济发展指标（GDP 总量、工业 GDP 总量）与突发性环境污染事故发生频数之间的 EKC 关系，建立相应的二次或者三次 EKC 模型，即

$$y_{事故频数} = \beta_0 + \beta_1 x_{GDP或工业GDP} + \beta_2 x_{GDP或工业GDP}^2 + \varepsilon \tag{5-1}$$

$$y_{事故频数} = \beta_0 + \beta_1 x_{GDP或工业GDP} + \beta_2 x_{GDP或工业GDP}^2 + \beta_3 x_{GDP或工业GDP}^3 + \varepsilon \tag{5-2}$$

式中，y 为突发性环境污染事故发生频数（起）；x 为 GDP 总量或工业 GDP 总量（亿元）；β_0 为常数项；β_1，β_2，β_3 分别为待定系数，其取值不同，突发性环境污染事故发生频数指标 y 和经济指标 x 之间的相依关系则截然不同。

突发性环境污染事故 EKC 检验模型可以表示经济增长与突发性环境污染事故发生水平的七种典型关系：当 $\beta_1=\beta_2=\beta_3=0$ 时，表示经济增长与突发性环境污染事故之间没有联系；当 $\beta_1>0$，$\beta_2=\beta_3=0$ 时，表示伴随着经济增长，突发性环境污染事故频数急剧增加；当 $\beta_1<0$，$\beta_2=\beta_3=0$ 时，表示伴随着经济增长，突发性环境污染事故频数减少；当 $\beta_1>0$，$\beta_2<0$，$\beta_3=0$ 时，表示经济增长与突发性环境污染事故频数之间存在倒 U 形曲线关系，存在下降拐点；当 $\beta_1<0$，$\beta_2>0$，$\beta_3=0$ 时，表示经济增长与突发性环境污染事故频数之间存在 U 形曲线关系，经济发展水平较低阶段，突发性环境污染事故频数降低，经济发展水平较高阶段，事故发生形势不断恶化；当 $\beta_1>0$，$\beta_2<0$，$\beta_3>0$ 时，表示经济增长与环境污染事故频数之间的关系为 N 形，表明突发性环境污染事故发生频数先上升、后降低、再上升的特点；当 $\beta_1<0$，$\beta_2>0$，$\beta_3<0$ 时，表示经济增长与环境污染事故频数之间呈倒 N 形特征，表明事故频数先降低、后上升、又下降的特点。

5.2.2　河南省突发性环境污染事故发生频数的 EKC 特征分析

1. 突发性环境污染事故发生频数的 EKC 模型选择

为了从 EKC 模型中选出适合突发性环境污染事故发生频数与经济发展关系使用的最优曲线模型，本章使用 SPSS 19.0 软件分别将河南省 GDP 总量、工业 GDP 总量与突发性环境污染事故发生频数数据进行曲线拟合，并输出相关性系数 R^2，见表 5-1。

表 5-1　河南省突发性环境污染事故与 GDP 总量、工业 GDP 总量各种函数的拟合曲线参数

经济发展指标	函数类型	F 值	Sig.	R^2
GDP 总量	二次函数	6.323	0.008	0.400
	三次函数	11.347	0.000	0.654
工业 GDP 总量	二次函数	8.147	0.003	0.462
	三次函数	11.192	0.000	0.651

从表 5-1 中的数据可以看出：

（1）GDP 总量（x_1）与突发性环境污染事故（y）之间二次方程和三次方程的拟合程度比较发现，三次方程的拟合程度较高，R^2 为 0.654，因此选用三次方程表示 GDP 总量与突发性环境污染事故的关系。

（2）工业 GDP 总量（x_2）与突发性环境污染事故（y）之间二次方程和三次方程的拟合程度都较好，三次方程的 R^2 为 0.651，拟合度更高，因此选用三次方程表示工业 GDP 总量与突发性环境污染事故的关系。

2. 河南省突发性环境污染事故发生频数的 EKC 模型模拟

通过 Excel 2010 和 SPSS 19.0 软件对 1995～2016 年河南省突发性环境污染事故发生频数的数据与 GDP 总量和工业 GDP 总量数据进行回归分析，见表 5-2。

表 5-2　河南省 GDP 总量、工业 GDP 总产值与突发性环境污染事故水平计量模型模拟结果

经济发展指标	模型系数			常数项 β_0	F 值	Sig.	R^2
	β_1	β_2	β_3				
GDP 总量	−0.009	4.344×10^{-7}	-6.339×10^{-12}	63.566	11.347	0.00	0.654
工业 GDP 总量	−0.027	3.664×10^{-6}	-1.490×10^{-10}	66.467	11.192	0.000	0.651

通过表 5-3 可知，GDP 总量和工业 GDP 总量与突发性环境污染事故发生频数之间关系的拟合结果较好。突发性环境污染事故发生频数与 GDP 总量、工业 GDP 总量的拟合曲线均呈现倒 N 形曲线关系。

表 5-3　河南省 GDP 总量、工业 GDP 总量与突发性环境污染事故的拟合模型

经济发展指标	回归方程	F 值	曲线形状
GDP 总量	$y=-0.009x+4.344\times10^{-7}x^2-6.339\times10^{-12}x^3+63.566$	11.347	倒 N 形
工业 GDP 总量	$y=-0.027x+3.664\times10^{-6}x^2-1.490\times10^{-10}x^3+66.467$	11.192	倒 N 形

3. 河南省突发性环境污染事故发生频数的 EKC 检验

EKC 模型的公式为

$$y = \beta_0 + \beta_1 x + \beta_2 x^2 + \beta_3 x^3 + \varepsilon$$

由上述结果可知，基于三次多项式的联立方程模型比基于二次多项式的联立方程更加合理。因此 GDP 总量、工业 GDP 总量与突发性环境污染事故发生频数关系均采用三次函数进行环境库兹涅茨曲线拟合，拟合优度分别为 0.654 和 0.651。通过对数据回归分析，发现 GDP 总量（x_1）、工业 GDP 总量（x_2）与突发性环境污染事故发生频数（y）的函数关系分别为

$$y=-0.009x_1+4.344\times10^{-7}x_1{}^2-6.339\times10^{-12}x_1{}^3+63.566 \tag{5-3}$$

$$y=-0.027x_2+3.664\times10^{-6}x_2{}^2-1.490\times10^{-10}x_2{}^3+66.467 \tag{5-4}$$

从方程的系数 $\beta_1<0$，$\beta_2>0$，$\beta_3<0$ 可以看出，GDP 总量、工业 GDP 总量与突发性环境污染事故发生频数均呈现出倒 N 形曲线关系（图 5-5 和图 5-6），说明突发性环境污染事故发生频数随着 GDP 总量和工业 GDP 总量的提高先减少，后增加，最后又进一步减少。

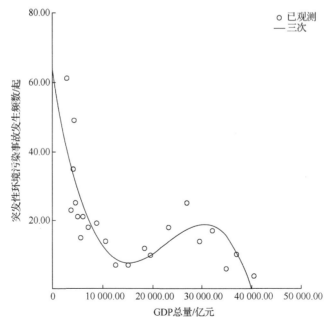

图 5-5　河南省突发性环境污染事故发生频数与 GDP 总量的回归拟合曲线

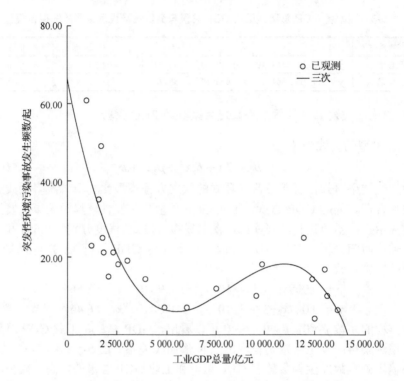

图 5-6　河南省突发性环境污染事故发生频数与工业 GDP 总量的回归拟合曲线

5.3　基于因素分解模型的河南省突发性环境污染 事故发生机理分析

因素分解分析作为定量研究各种影响因素对目标变量相对重要性的方法，为识别目标变量变化成因提供了有效的研究方法（杨洁等，2013），并广泛运用于节能减排领域的研究，如评估经济发展、技术进步、产业结构等因素对资源消耗、污染物排放、温室气体排放的增量效应或减量效应（Rogan et al.，2012；Malla，2009），但运用该方法评估不同影响因素对突发性环境污染事故发生频数影响的研究还较少（杨洁等，2013）。

本节以河南省为研究对象，基于因素分解模型构建突发性环境污染事故的因素完全分解模型，定量分析经济发展、技术进步、产业结构、环境治理状况等不同影响因素对河南省突发性环境污染事故发生频数的贡献，探讨河南省突发性环境污染事故发生机理，从而为河南省突发性环境污染事故的风险防范提供依据。

5.3.1　研究方法

1. 数据获取与处理

本节数据资料主要来源于 1996~2017 年《中国统计年鉴》与《河南省统计年鉴》,主要获取了河南省突发性环境污染事故历史数据及其经济规模、工业总产值、环境污染治理投资等数据。EKC 模型可以定量分析经济发展水平、工业发展规模与突发性环境污染事故发生频数之间的相关关系,为突发性环境污染事故发展态势分析提供了方法,但无法定量揭示不同影响因素对事故发生的贡献。为此,本节基于 Sun(1998)的完全因素分解模型构建区域突发性环境污染事故的完全因素分解模型,定量分析不同影响因素对突发性环境污染事故发生的影响方向和程度,揭示突发性环境污染事故发生机理。

2. 突发性环境污染事故发生因素完全分解模型的构建

本节基于 Sun(1998)提出的因素完全分解模型,构建突发性环境污染事故频数的因素完全分解模型,定量分析不同影响因素对区域突发性环境污染事故频数的增量效应或减量效应。本节将突发性环境污染事故发生频数看成由经济规模(G:区域 GDP 总量)、产业结构状况(S:工业产值占 GDP 的比重)、风险控制技术水平(T:单位环境污染投资的环境污染事故发生次数)和末端治理状况(E:环境污染治理投资占工业总产值的比重)共四个因素共同作用的结果,即在$[0,t]$时间段内区域突发性环境污染事故的发生由规模效应(G_{eff})、产业结构效应(S_{eff})、技术效应(T_{eff})和末端治理效应(E_{eff})组成,则突发性环境污染事故发生频数的因素完全分解模型表示如下:

$$\text{NE}_t = G_t S_t T_t E_t$$

$$= \text{GDP}_t \times \frac{(\text{工业总产值})_t}{\text{GDP}_t} \times \frac{(\text{环境污染事故数})_t}{(\text{环境污染治理投资额})_t} \times \frac{(\text{环境治理投资额})_t}{(\text{工业总产值})_t}$$

$$(5\text{-}5)$$

式中,NE_t 为第 t 年的环境污染事故发生总数;G_t、S_t、T_t、E_t 分别表示第 t 年的 GDP 总量、产业结构调整状况、风险控制技术水平和末端治理状况。

在时间段$[0,t]$内,区域环境污染事故频数的变化值 $\Delta \text{NE} = \text{NE}_t - \text{NE}_0$。根据完全因素分解模型,因子 G、S、T、E 的变化对 ΔNE 的贡献分别可通过式(5-6)~式(5-9)计算:

$$G_{\text{eff}} = S_0 T_0 E_0 \Delta G + \frac{1}{2} \Delta G (\Delta S T_0 E_0 + \Delta T S_0 E_0 + \Delta E S_0 T_0)$$

$$+ \frac{1}{3} \Delta G (\Delta S \Delta T E_0 + \Delta S \Delta E T_0 + \Delta T \Delta E S_0) + \frac{1}{4} \Delta G \Delta S \Delta E \Delta T \quad (5\text{-}6)$$

$$S_{\text{eff}} = \Delta S T_0 E_0 G_0 + \frac{1}{2}\Delta S(\Delta G T_0 E_0 + \Delta T G_0 E_0 + \Delta E G_0 T_0)$$

$$+ \frac{1}{3}\Delta S(\Delta G \Delta T E_0 + \Delta G \Delta E T_0 + \Delta T \Delta E G_0) + \frac{1}{4}\Delta G \Delta S \Delta E \Delta T \qquad (5\text{-}7)$$

$$T_{\text{eff}} = S_0 G_0 E_0 \Delta T + \frac{1}{2}\Delta T(\Delta S G_0 E_0 + \Delta G S_0 E_0 + \Delta E S_0 G_0)$$

$$+ \frac{1}{3}\Delta T(\Delta S \Delta G E_0 + \Delta S \Delta E G_0 + \Delta G \Delta E S_0) + \frac{1}{4}\Delta G \Delta S \Delta E \Delta T \qquad (5\text{-}8)$$

$$E_{\text{eff}} = S_0 T_0 G_0 \Delta E + \frac{1}{2}\Delta E(\Delta S T_0 G_0 + \Delta T S_0 G_0 + \Delta G S_0 T_0)$$

$$+ \frac{1}{3}\Delta E(\Delta S \Delta T G_0 + \Delta S \Delta G T_0 + \Delta T \Delta G S_0) + \frac{1}{4}\Delta G \Delta S \Delta E \Delta T \qquad (5\text{-}9)$$

因此，突发性环境污染事故发生频数的变化量计算公式如下：

$$\Delta \text{NE} = G_{\text{eff}} + S_{\text{eff}} + T_{\text{eff}} + E_{\text{eff}} \qquad (5\text{-}10)$$

式中，若 G_{eff}、S_{eff}、T_{eff} 和 E_{eff} 分别为正值，则表示经济规模、产业结构调整、技术进步和末端治理状况的变化将增加突发性环境污染事故的发生频数，其变化值表示各因素的增量效应；反之，若 G_{eff}、S_{eff}、T_{eff} 和 E_{eff} 分别为负值，则表示经济规模、产业结构调整、技术进步和末端治理状况的变化将降低环境污染事故的发生频数，其变化值表示各因素的减量效应。

5.3.2　河南省突发性环境污染事故发生频数的影响因素分解

本节研究结果显示 1995～2016 年河南省突发性环境污染事故的发生频数受经济规模、环境风险控制技术水平、产业结构调整状况和末端治理状况等多因素的共同影响（表 5-4）。四种不同因素的叠加效应导致河南省突发性环境污染事故发生频数呈不断下降趋势，从 61 起下降到 4 起，年度变化均值为-2.7 起，其中经济规模、产业结构调整、风险控制技术和末端治理的年度贡献均值分别为 2.2 起、2.7 起、-7.8 起和 0.3 起。

表 5-4　1995～2016 年河南省突发性环境污染事故发生影响因素分解　（单位：起）

年度	因子贡献值				ΔNE
	G_{eff}	S_{eff}	T_{eff}	E_{eff}	
1995～1996	6.7	25.8	−75.1	4.6	−38.0
1996～1997	2.9	−4.0	9.1	4.0	12.0
1997～1998	2.7	6.3	3.7	1.3	14.0
1998～1999	1.9	4.1	−29.5	−0.5	−24.0
1999～2000	2.7	0.1	−4.7	−2.1	−4.0
2000～2001	1.8	6.7	−15.6	1.1	−6.0

续表

年度	因子贡献值				ΔNE
	G_{eff}	S_{eff}	T_{eff}	E_{eff}	
2001~2002	1.6	3.0	1.4	0.1	6.0
2002~2003	2.7	5.4	−10.5	−0.6	−3.0
2003~2004	4.2	1.1	−3.5	−0.8	1.0
2004~2005	3.1	1.0	−10.1	1.0	−5.0
2005~2006	1.8	−1.0	−8.6	0.8	−7.0
2006~2007	1.3	−0.2	−1.3	0.2	0.0
2007~2008	1.9	−2.5	5.4	0.2	5.0
2008~2009	0.6	−1.6	−3.1	2.0	−2.0
2009~2010	2.4	0.7	6.8	−1.9	8.0
2010~2011	3.3	0.5	2.5	0.7	7.0
2011~2012	1.9	0.9	−12.7	−1.1	−11.0
2012~2013	1.3	6.9	−4.7	−0.5	3.0
2013~2014	1.0	0.4	−12.0	−0.4	−11.0
2014~2015	0.5	1.6	2.7	−0.8	4.0
2015~2016	0.7	1.7	−7.4	−1.0	−6.0
均值	2.2	2.7	−7.8	0.3	−2.7

经济规模的增长是造成河南省突发性环境污染事故发生的主要因素之一。其中，1995~2016 年经济规模效应均为正值，为 0.5~6.7 起，增量效应的均值为 2.2 起；1995~1996 年规模效应最为明显，达 6.7 起；2014~2015 年规模效应最弱，仅为 0.5 起。

1995~2016 年产业结构调整效应大多为正值，为-4.0~25.8 起，产生结构调整效应均值为 2.7 起。这表明河南省产业调整现状也是突发性环境污染事故发生的重要增量因素。研究结果显示，部分年份产业结构调整效应为负值，表明产业结构的调整可以对突发性环境污染事故的发生起到一定的抑制作用，但是受制于河南省正处于工业化中后期发展阶段，高污染、高消耗、高风险的发展模式短期内难以改变，即虽然部分年份结构调整抑制了环境污染事故的发生，但不断提高的工业化速度和区域产业结构现状仍然是突发性环境污染事故发生的重要促进因素，未来的产业结构调整任务艰巨。

1995~2016 年技术效应大多为负值，为-75.1~9.1 起，多年技术效应均值为-7.8 起。若其他因素保持不变，环境风险控制技术便可使河南省区域突发性环境污染事故发生频数下降 7.8 起/年。结果表明环境风险控制技术在河南省突发性环境污染事故发生的控制方面贡献非常大，其中，1995~1996 年和 1998~1999 年技术效应的贡献较为明显，对河南省突发性环境污染事故变化的贡献分别为-75.1 和-29.5 起。

1995～2016 年末端治理效应波动较大，为-2.1～4.6 起，末端治理效应均值为0.3 起，虽部分年份出现减量效应，但结果表明河南省环境治理状况对环境污染事故发生仍具有一定的促进作用，也说明河南省环境污染治理投资水平不够，末端治理效果较差。因此，未来应继续增加环境污染末端治理的投资，以提高末端治理的减量效应。

5.4　讨论与分析

和许多工业化国家一样，改革开放以来，我国经济的快速发展，工业化进程的快速推进，随之而来的是环境状况日益恶化，环境污染事故频发（杨林等，2012；孙晓蓉等，2010）。本章研究结果表明，河南省突发性环境污染事故发生与经济指标之间呈倒 N 形曲线关系，即随着经济总量和工业产值的提高，突发性环境污染事故频数呈"先降低、后上升，而后又逐渐下降"的态势。河南省突发性环境污染事故发生与经济发展之间并未呈现倒 U 形曲线关系，但倒 N 形曲线关系变化趋势也表明河南省突发性环境污染事故发生风险的控制和管理取得了一定的进展，但未来仍然存在较大不确定性。

根据安全系统理论，突发性环境污染事故的发生是人的不安全行为、物的不安全状态和环境的不安全因素在一定管理水平下相互作用的结果（张嘉治等，2011），其发生过程包括风险因子释放过程、风险因子转运过程、风险受体暴露和受损过程（毕军等，2006）。因此，应加强事故链中人、物和环境的不安全因素的控制节点的管理，避免环境风险转化为现实的环境污染事故。例如，可加强从业人员的技术指导和培训来减少人的不安全行为，建设和完善风险监控设备降低物的不安全状态，加强环境基础设施建设减少环境的不安全因素，健全风险管理体系提高管理水平等。

1995～2016 年河南省突发性环境污染事故发生总数为 431 起，其中，1995年发生次数最多，为 61 起，2016 年发生次数最少，为 4 起；环境污染事故发生频数年均下降 4.24%，说明河南省突发性环境污染事故的发生已得到一定控制。这主要得益于经济发展到一定基础上，政府环境政策干预、科技的进步等，也体现了政府、企业对于环境风险的高度重视，加强了突发性环境污染事故发生的风险防范，从而降低了突发性环境污染事故发生的频率（杨洁等，2010）。例如，2007年《中华人民共和国突发事件应对法》的出台，各省区市相继制定了相应的环境突发事件应急预案，加大了环境突发事件应急管理工作的投入，加强应急管理专门人才的培养，开展一系列环境事故风险源、危险区域调查和评估工作，鼓励和扶持教学科研机构和有关企业研究开发用于突发事件预防、监测、预警、应急处置与救援的新技术、新设备和新工具。这些积极措施对河南省突发性环境污染事故发生频数的降低起到了重要积极作用。

河南省突发性环境污染事故发生与经济指标之间呈现倒 N 形曲线关系，表明近年来河南省突发性环境污染事故发生风险的控制已取得较大进展，但依然存在很大的不确定性，并不存在事故下降的理论"拐点"，也说明突发性环境污染事故的发生不能仅用经济因素解释，不能盲目认为区域环境安全状态会随着经济的发展自动改善，而应该清楚认识环境污染事故的发生不同于环境污染物的排放，它并非是经济发展中的必然产物，须在经济发展的基础上，充分利用先进的政策、制度和技术，方可有效减少事故的发生（谢守红等，2013；高宏霞等，2012）。

因此，为了更好实现河南省突发性环境污染事故风险管理，亟须加快产业结构升级和经济结构转型，特别是加快河南省经济发展方式的转变；建立重点企业严格的制度保障和社会监督，加强从业人员的技术指导和培训，减少因操作失误和管理不当造成的突发性环境污染事故；建立健全环境污染事故的监测、预警、应急处置和善后处置机制，从风险因子释放过程、风险因子转运过程和风险受体暴露及受损过程各个环节预防、控制、减少或消除突发性环境污染事故的发生和造成的影响。

通过对 1995～2016 年河南省突发性环境污染事故发生频数的影响因素分解分析发现，经济规模、产业结构调整、风险控制技术和末端治理对河南省突发性环境污染事故发生频数变化的贡献分别为 2.2 起、2.7 起、−7.8 起和 0.3 起。

经济规模效应贡献率为正，表明河南省区域经济总量的增长会导致突发性环境污染事故发生频数的增长；技术效应的贡献率为负，表明风险控制技术水平的提高对突发性环境污染事故发生起到了明显的抑制作用。然而，多年产业结构调整效应和末端治理效应均值均为正，表明河南省产业结构调整、环境污染末端治理并没有起到抑制环境污染事故发生的应有作用，未来河南省产业结构调整、环境污染的末端治理任重道远。

基于河南省突发性环境污染事故频数的影响因素分解，风险控制技术是抑制突发性环境污染事故发生的主要因素，所以未来应进一步依靠科技进步，加大环境风险控制技术的投资，大力发展和推广应用先进的环境风险控制技术，制定并完善环境应急预案，健全环境应急指挥系统，配备应急装备和风险监测仪器，进一步加强突发性环境污染事故发生过程中关键点的控制，避免风险转化为现实的污染事故。

快速的工业化是导致区域环境污染事故频发的深层原因，只有不断调整与优化产业结构，方能从长远角度更好地控制事故的发生。产业结构调整效应分析结果表明河南省产业结构调整现状无法有效抑制环境污染事故发生，未来产业结构调整任务艰巨。因此，地方政府和部门应出台措施，以调结构促发展为根本出发点，培育经济新增长点，不断发展低能耗、低污染的第三产业，降低第二产业的规模和比重，特别是严格控制高污染、高能耗、高风险的项目上马，通过产业结构调整降低环境污染事故发生风险。

本章研究结果显示，河南省经济规模增长是突发性环境污染事故发生的主要促进因素。但从长远看，经济增长对突发性环境污染事故频数增长的促进作用不断减弱。这主要是由于经济增长对技术进步、产业结构调整和政府、企业环境风险管理控制能力提升等方面构成了强有力支撑。这与前人研究结果一致，即随着经济增长，环境污染事故的发生、环境污染物排放总量存在倒 U 形曲线关系（卢晓彤等，2012），也就是在国家经济发展水平较低时，环境污染风险处于低水平，随着经济的增长，污染水平会爆发式增长，当处于特定的经济水平时，环境污染水平会持续下降。

末端治理效应对污染事故频数的抑制作用不明显，表明河南省突发性环境污染末端治理效应具有随机性，突发性环境污染事故频数与末端治理效应分离。未来应不断加大环境污染治理投资，落实环境污染物的治理；开展老旧企业技术改造或开展清洁生产，建设相应的空气、水体、土壤等污染物治理设施，加强城市污水、生活垃圾、粪便处理处置设施投资，使污染物达标排放。

5.5　本章小结

本章在河南省突发性环境污染事故发生频数时间变化特征分析基础上，运用 EKC 模型和完全因素分解模型对突发性环境污染事故发生机理进行分析，结果表明：

（1）经济发展到一定阶段，环境政策干预、科技进步、风险管理水平提高等对于河南省突发性环境污染事故风险控制起到了积极作用，事故发生频数总体呈下降趋势。

（2）河南省突发性环境污染事故的发生频数虽逐渐下降，但未呈现倒 U 形 EKC 特征，倒 N 形变化趋势表明未来河南省突发性环境污染事故发生风险形势依然严峻。

（3）河南省突发性环境污染事故的发生与经济发展指标之间呈倒 N 形 EKC 关系，表明突发性环境污染事故的发生并非经济发展过程中的必然产物而存在很强的不确定性。区域环境安全状态不会随着经济发展自动改善，而必须在经济发展的基础上，充分利用先进的政策、制度和技术，方可有效减少事故的发生。

（4）加快区域产业结构升级，促进经济结构转型，加强因产业转移带来的环境风险管理，增强企业的社会责任，减少因操作失误和管理不当造成的事故，建立健全环境污染事故防范和应急应对机制，突发性环境污染事故发生、发展的不同环节，降低突发性环境污染事故的发生和造成的影响。

（5）因素分解分析表明，经济增长的规模效应、产业结构调整效应与环境风险控制技术效应解释了河南省突发性环境污染事故发生频数变化的大部分原因。其中，经济增长和产业结构现状促进了河南省突发性环境污染事故发生频数的增加，环境风险控制技术的进步则有效遏制了事故的发生。由于环境污染治理投资在河南省 GDP 总量的占比仍较低，环境污染末端治理并未起到应有的风险控制作用。因此，未来区域应切实推进产业结构调整，提高非工业产值的比重，加大环境污染治理投资，使其发挥其应有的环境风险控制作用。

（6）突发性环境污染事故发生频率与经济发展规模、技术状况、环境治理投资、产业结构等因素密切相关，但国家、企业的政策制度和监管水平也是环境污染事故发生的重要影响因素，但如何定量分析政策制度、管理水平等对突发性环境污染事故发生频数的影响值得进一步探讨。

参 考 文 献

白宇，2018. 学习习总书记重要论述：良好生态环境是最普惠的民生福祉[EB/OL].（2018-09-21）[2018-12-10].
　　http://politics.people.com.cn/n1/2018/0921/c1001-30307963. html.
毕军，杨洁，李其亮，2006. 区域环境风险分析和管理[M]. 北京：中国环境科学出版社.
高宏霞，杨林，付海东，2012. 中国各省经济增长与环境污染关系的研究与预测：基于环境库兹涅茨曲线的实证
　　分析[J]. 经济学动态（1）：52-57.
高建刚，陈宏云，郑昊，2007. 危险货物道路运输事故统计分析[J]. 中国安全科学学报，17（8）：160-166.
胡锦，2018. 胡锦涛在两院院士大会上的讲话全文[EB/OL].（2008-04-24）[2011-06-08]. http:// scitech.people.
　　com.cn/GB/25509/7420995.html.
李静，吕永龙，贺桂珍，等，2008. 我国突发性环境污染事故时空格局及影响研究[J]. 环境科学，29（9）：2684-2688.
李林子，钱瑜，张玉超，2011. 基于 EFDC 和 WASP 模型的突发水污染事故影响的预测预警[J]. 长江流域资源与
　　环境，20（8）：1010-1016.
凌亮，周勤，蔡展航，等，2012. 饮用水水源突发性铊污染应急处理试验研究[J]. 安全与环境学报，1294（4）：76-80.
卢晓彤，卢忠宝，宋德勇，2012. 基于阈值面板模型的我国环境库兹涅茨曲线假说再检验[J]. 管理学报，9（11）：
　　1689-1696.
饶清华，曾雨，张江山，2010. 突发性环境污染事故预警应急系统研究[J]. 环境污染与防治，32（10）：97-101.
石璐言，2017. 建设美丽中国，努力走向生态文明新时代——学习《习近平关于社会主义生态文明建设论述摘编》
　　[EB/OL].（2017-09-30）[2018-04-16]. http://www.gov.cn/xinwen/2017-09/30/content5228710.htm.
孙晓蓉，邵超峰，2010. 基于 DPSIR 模型的天津滨海新区环境风险变化趋势分析[J]. 环境科学研究，23（1）：68-73.
吴宗占，孙猛，2006. 200 起危险化学品公路运输事故的统计分析及对策研究[J]. 中国安全生产科学技术，2（2）：
　　3-8.
谢守红，薛红芳，邵珠龙，2013. 中国碳排放的区域差异及其与经济增长的关联分析[J]. 生态与农村环境学报，
　　29（4）：443-448.
徐欢欢，林坚，李昕，等，2012. 基于生态压力指数测算的中原经济区生态安全研究[J]. 城市发展研究，19（10）：

118-124.

薛鹏丽，曾维华，2011. 上海市突发环境污染事故风险区划[J]. 中国环境科学，31（10）：1743-1750.

杨洁，毕军，张海燕，等，2010. 中国环境污染事故发生与经济发展的动态关系[J]. 中国环境科学，30（4）：571-576.

杨洁，黄蕾，李凤英，等，2013. 中国1991～2010年环境污染事故频数动态变化因素分解[J]. 中国环境科学，33（5）：931-937.

杨林，高宏霞，2012. 环境污染与经济增长关系的内在机理研究：基于综合污染指数的实证分析[J]. 软科学，26（11）：74-79.

张嘉治，杨建宇，常旭，等，2011. 水环境污染事故风险源的危险指数评价与计算方法研究[J]. 环境保护与循环经济，31（9）：59-64.

赵来军，吴萍，许科，2009. 我国危险化学品事故统计分析及对策研究[J]. 中国安全科学学报，19（7）：165-170.

MALLA S, 2009. CO_2 emissions from electricity generation in seven Asia-Pacific and North American countries: a decomposition analysis[J]. Energy policy, 37(1): 1-9.

ROGAN F, CAHILL C J, GALLACHÓIR B PÓ, 2012. Decomposition analysis of gas consumption in the residential sector in Ireland[J]. Energy policy, 42: 19-36.

SUN J W, 1998. Change in energy consumption and energy intensity: a complete decomposition model[J]. Energy economics, 20(1): 85-100.

第6章 河南省区域环境风险源危险性
动态综合评估与等级分区

随着社会的发展，各种环境污染事件频繁发生，直接威胁公众生命健康和生态环境安全，乃至整个社会的和谐稳定（魏国等，2005；Khan et al.,1999），并已引起广泛关注。人类工业文明的进程中，环境风险源的存在是必然的，但通过环境风险源危险性评估并划分环境风险源危险性等级，根据等级的不同合理分配有限的人力、物力和信息资源，对环境风险源进行实时监控和管理，可有效预防或减少各种环境风险事故发生（邵磊等，2010）。近年来，发生的一系列环境污染事故，如 2013 年青岛输油管道泄漏爆炸，2014 年高雄燃气爆炸事故，充分说明加强区域环境风险源的危险性评价，最终实现环境风险源合理选址和布局，对降低环境风险事故的发生概率并减轻影响至关重要（王肖惠等，2016）。

环境风险源的识别和评估是进行环境风险评估和环境风险管理的重要基础和前提（张晓春等，2012；Chen et al.，2008）。因此，环境风险源危险性评价研究受到了学者的越来越多的关注。国外学者对环境风险源危险性评估研究主要集中在风险源危险性量化模型方面。例如，Sanderson 等（2004）利用传统的概率评价方法对某地区大型石油化工联合企业的危险性进行了评价；Cooper 等（2008）通过构建有毒物质在水体中的泄漏扩散模型对环境风险源的危险性进行了评价；Arunraj 等（2009）从生产损失、财产损失、人体健康和安全损失及环境损失等方面构建区域环境风险源危险性评价概念模型，并对环境风险源可能引起的危险后果进行了评价。

我国环境风险源危险性评价主要集中在危险性评价指标体系构建和评价方法的研究。

（1）在评价指标体系构建方面，吴宗之（1998）将重大危险源评价中事故诱因的研究范畴从传统的系统失效和人为失误两个因素，扩展为系统失效、人为失误和人为破坏三个方面，并构建了环境风险源危险性评价指标体系；汪金福等（2007）从化工风险源危害度、危险度和安全度三个方面对化工建设项目风险源的危险性进行了评价；曲常胜等（2010）认为环境风险源危险性指标体系应该能够表征突发性环境风险（如危化品泄漏事故）和累积性环境风险问题（如酸雨污染、水体富营养化、雾霾天气等）；马越等（2012）提出了移动型环境风险源识别及其环境风险危险性分级的方法；田多松（2016）将区域环境风险源分为移动源、非点源和固定源，并构建了城市水环境风险源危险性评价指标体系。

（2）在评价方法研究方面，李其亮等（2005）依据化工园区风险特点，利用模糊数学的方法构建评价模型对化工园区的危险性进行了评价；郭振仁等（2006）在国内首次完整地提出了基于指数评价法的环境风险源危险性评价方法，但其具有所有指数评价法的不足，忽视了各因素之间重要性的差别；刘诗飞等（2004）通过对环境风险源危害后果分析，构建危害量化模型，计算事故发生后风险物质的扩散范围；胡海军等（2011）对后果分析法、爆炸伤害模型及泄漏扩散模型等方法进行了比较分析，指出了各种评价方法的不足与片面性。

此外，我国环境风险源危险性评价还注重环境风险源危险性及其在区域规划中的作用分析。例如，翁韬等（2006）以城市重大危险源为主体对象，在个人风险和社会风险分布图上，提出了安全等级层次叠加原理，其结果可以为城市的安全规划提供数据支撑；杨洁等（2006）采取综合评价法评价长江（江苏段）沿江经济带的环境风险，其结果可有效地指导区域内工业园区的合理布局和优化；王肖惠等（2016）通过构建区域大气环境风险源识别与危险性快速评估的方法，以南京为研究对象，从城市内部多类型环境风险源的布局、影响范围和程度入手，为南京城市用地布局及市域城镇体系规划提出了防范措施与优化建议；谢元博等（2013）通过构建和运行风险信息矩阵实现对多个环境风险源的风险值叠加，并最终形成风险分区图用于指导区域产业布局发展规划。

6.1　河南省区域环境风险源危险性动态综合评估

6.1.1　研究方法

1. 区域环境风险源危险性概念模型

美国国家科学委员会和美国环境保护局提出，环境风险源危险性评价的内容包括定性评价和定量评价两个方面。

（1）危险性定性评价，即危害鉴定，评审某化学物质现有的毒理学和流行病学资料，确定其是否可造成人体健康的损害，重点研究致突变性、致癌和致畸效应，以及对神经系统、肝和肾等重要器官的损害。

（2）危险性定量评价，主要包括：①剂量-反应评定，评定不同接触水平在群体中某种特定效应的发生率；②接触评定，估测整个社会人群接触化学物的可能水平；③危险度特性评定，将危害性鉴定、剂量-反应评定和接触评定资料进行综合和分析，得到一般人群和（或）特殊人群预期出现的反应率，通常计算终生危险度。

简言之，危险性评价是鉴定人体接触环境危害因素发生潜在有害健康影响的概率。

目前，环境风险源危险性评价主要是从微观尺度确定危险化学物质对人的生命或健康，或者对生态系统和环境的潜在有害作用，或者从单个类型环境风险源角度开展的危险性评价研究。然而，区域尺度环境风险源复杂多样、危害机理和迁移转化机制复杂，单个环境风险源的危险性评价无法综合、全面地将区域环境风险源危险性在空间上予以呈现，更无法揭示区域环境风险源危险性的叠加、群发和放大效应。为更科学地实现区域环境风险源危险性的综合评价，需要对区域环境风险源的内涵有更加清晰的认识。为此，学者对区域环境风险源的识别和分类进行了广泛研究（图 6-1），如前述介绍的气态环境风险源、液态环境风险源和固态环境风险源，以及水体环境风险源、大气环境风险源和土壤环境风险源。

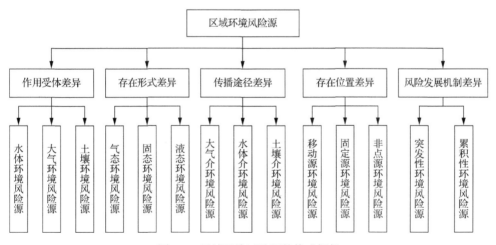

图 6-1　区域环境风险源的构成框架

认清区域环境风险源的类型是构建区域环境风险源危险性评价体系，开展危险性评价，并实现有效管理的前提和基础。区域环境风险源包括累积性环境风险源和突发性环境风险源两种类型，分别形成累积性环境污染事故和突发性环境污染事故。

2. 区域环境风险源危险性评估指标体系构建

环境风险源危险性是指一定孕灾环境下，给人群、经济、社会、生态、环境带来损害的环境污染事件发生的可能性，体现为突发性风险源和累积性环境风险源的密度和状态等。从突发性环境风险源和累积性环境风险源两个方面构建评价指标体系，开展区域环境风险源危险性评价。其中，突发性环境风险源主要指导致突发性环境污染事故发生的源头，如有毒有害物质的存储装置、运输车辆等；累积性环境风险源主要指导致累积性环境污染事件（雾霾天气、酸雨事件、水体富营养化等）发生的源头，如企业污水排放、工业废气排放和固体废物排放等。区域环境风险源危险性与区域多年环境污染事故数、危险源的密集度、危险物质性质与存储量、废气排放量、固体废物排放量、废水排放量，以及生产工艺、环境风险源监控与管理水平等区域环境风险源数量、风险因子转运控制机制相关（王肖惠等，2016；邢永健等，2016）。

本章根据文献参考和专家咨询意见，筛选出突发性环境风险源和累积性环境风险源危险性的主要表征指标，并考虑到客观赋权法对量化数据的要求与数据获取的难易程度，基于指标科学性、主导性、数据可获得性等原则，构建区域环境风险源危险性定量评价指标体系，选择重工业企业密度和产值密度、废水排放负荷、废气排放负荷和固体废物排放负荷分别表征突发性环境风险源和累积性环境风险源的危险性。某一区域重工业企业密度与产值密度越大，废水排放负荷、废气排放负荷和固体废物产生负荷越高，发生环境损害的可能性越高，可衡量区域环境风险源危险性（曲常胜等，2010）。区域环境风险源危险性评价指标体系构建见表6-1。

表6-1 区域环境风险源危险性评价指标体系构建

目标层	准则层	指标层	指标含义	指标解释
环境风险源危险性	突发性环境风险源危险性	重工业企业密度	重工业企业数量/区域土地面积	重工业包括采掘（伐）工业，如煤炭开采、金属矿开采、非金属矿开采等工业；原材料工业，如金属冶炼及加工、炼焦及焦炭、化学、水泥、石油和煤炭加工等工业；加工工业，如机械设备制造工业、金属结构、水泥制品等工业，以及为农业提供的生产资料，如化肥、农药等工业
		重工业企业产值密度	年重工业企业产值/区域土地面积	年度重工业企业最终产品和提供工业性劳务活动的总价值量
	累积性环境风险源危险性	废水排放负荷	年度废水排放量/区域土地面积	废水排放量指工业废水排放量、城镇生活污水排放量和集中式治理设施（不含污水厂）的污水排放量之和，其中，集中式治理设施包括垃圾处理场（厂）和危险废物（医疗废物）集中处置厂
		废气排放负荷	年度废气排放量/区域土地面积	废气排放量主要包括二氧化硫、氮氧化物和烟粉尘排放量
		固体废物产生负荷	年度固体废物产生量/区域土地面积	固体废物产生量指一般固体废物产生量

注：数据均来自于2010～2016年《中国统计年鉴》和《河南省统计年鉴》。

3. 区域环境风险源危险性时空动态综合评估流程

本节根据所构建的区域环境风险源危险性评估指标体系，搜集整理评估所需的定量数据。所有的定量化数据资料均来源于 2010~2016 年《中国统计年鉴》和《河南省统计年鉴》。基于纵—横向拉开档次法（郭亚军等，2001）开展 2009~2015 年河南省各市级行政单元的区域环境风险源危险性时间动态评估，并结合时序加权平均算子法评估 2009~2015 年河南省各市级行政单元的区域环境风险源危险性综合指数的空间变化规律。

纵—横向拉开档次法是基于差异驱动原理根据各个指标在总体指标中的变异和对其他指标的影响程度自动确定权重系数，从整体上尽可能体现各评价对象之间的差异。对于给定对象 $s_i \in [s_1, s_n]$ 和时间 $t_k \in [t_1, t_N]$，有 m 个评价指标（$x_1, x_2, \cdots, x_m$），对原始数据标准化处理以后到一个面板数据集，记为 $x_{ij}(t_k)$，若能确定评价指标的权重系数 $\omega_j(t_k)$（其中，$\omega_j(t_k) \geqslant 0$；$\sum_{j=1}^{m} \omega_j(t_k) = 1$），则评价对象 s_i 在 t_k 时刻的评价函数为

$$y_i(t_k) = \sum_{j}^{m} \omega_j(t_k) x_{ij}(t_k) \quad (i = 1, 2, \cdots, n; j = 1, 2, \cdots, m) \quad (6\text{-}1)$$

式中，$y_i(t_k)$ 为对象 s_i 的评价值；$\omega_j(t_k) = (\omega_1, \omega_2, \cdots, \omega_j, \cdots, \omega_m)^{\mathrm{T}}$。

郭亚军等（2007）在有序加权平均算子法基础上提出了时序加权平均算子法。令某个时间段 $N = [1, 2, \cdots, n]$，$(u_i, a_n)(i \in N)$ 为时序加权平均算子对，u_i 为时间诱导分量，a_i 为数据分量。定义时序加权平均算子为

$$f((u_1, a_1), \cdots, (u_n, a_n)) = \sum_{k=1}^{n} \omega_k b_k \quad (6\text{-}2)$$

式中，f 为 n 维时序加权平均算子；ω_k 为 t_k 时刻的时间权重系数，$\omega_k \in [0,1]$，且 $\sum_{k=1}^{n} \omega_k = 1$，$\omega = (\omega_1, \omega_2, \cdots, \omega_k, \cdots, \omega_n)^{\mathrm{T}}$ 为 f 相关联的时间权向量；b_k 为 $u_i(i \in N)$ 中第 j 时刻所对应的时序加权平均算子对中的第二个分量。时间加权向量表达对不同时刻的重视程度，与向量熵 I 和时间度 λ 有关，如下式所示：

$$I = -\sum_{k=1}^{n} \omega_k \ln \omega_k, \qquad \lambda = \sum_{k=1}^{n} \frac{n-k}{n-1} \omega_k \quad (6\text{-}3)$$

式中，λ 为时间度，介于 0~1，其值越小，反映评价者越注重近期数据；反之，反映评价者则越重视远期数据。向量熵反映了数据集结过程中权重包含信息的程度，熵值越大，所包含的信息量越小。t_k 时刻的时间权向量 $\omega = (\omega_1, \omega_2, \cdots, \omega_k, \cdots, \omega_n)^{\mathrm{T}}$ 可由下式得出

$$\begin{cases} \max\left[-\sum_{k=1}^{N}\omega_k\ln\omega_k\right] \\ \text{s.t.}\,\lambda=\sum_{k=1}^{N}\dfrac{N-k}{N-1}\omega_k, \\ \text{s.t.}\begin{cases}\sum_{k=1}^{N}\omega_k=1 \\ \omega_k\geqslant 0\end{cases}\end{cases} \qquad (6\text{-}4)$$

式中，N 为评价时间年限。

1）区域环境风险源危险性时间动态变化评估过程

以突出相同评价对象不同时间点的环境风险源危险性差异为出发点，利用纵—横向拉开档次法进行加权集结，利用突发性环境风险源和累积性环境风险源相关指标计算河南省各市级行政单元在不同时间（2009～2015 年）的环境风险源危险性综合指数值，具体步骤如下：

（1）由于选取的指标单位和量纲不同，缺少可比性，应首先采用式（3-25）对各评价指标数据进行无量纲化处理，然后采用式（3-26）对无量钢化后的指标数据进行平移和扩大。

（2）对于给定的 s_i 在给定时间段 $N=[1,2,\cdots,n]$ 有 m 个指标 $x_1, x_2, \cdots, x_m$ 的数值（已标准化），用矩阵 A_i 表示，即

$$A_i=\begin{bmatrix} x'_{11} & x'_{12} & \cdots & x'_{1m} \\ x'_{21} & x'_{22} & \cdots & x'_{2m} \\ \vdots & \vdots & & \vdots \\ x'_{n1} & x'_{n2} & \cdots & x'_{nm} \end{bmatrix} \qquad (6\text{-}5)$$

（3）计算 $m\times m$ 的对称矩阵 $H_i=A_i^{\mathrm{T}}A_i$，并计算 H_i 的最大特征值 $\lambda_{\max}$ 及其对应的权重系数向量，并归一化得到 ω_j。

（4）计算线性函数：

$$y_i(t_k)=\sum_{j=1}^{m}\omega_j\cdot x_j(t_k) \quad (j=1, 2,\cdots, m; k=1, 2,\cdots, n) \qquad (6\text{-}6)$$

式中，$y_i(t_k)$ 为评价对象 s_i 在时刻 t_k 的区域环境风险源危险性综合指数值。

2）区域环境风险源危险性空间分布特征综合评估过程

以突出不同评价对象相同时间点的环境风险源危险性差异为出发点。首先，采用纵—横向拉开档次法一次加权，确定不同评价对象在某时间段相同时间点的环境风险源危险性评价值；然后，利用时序加权平均算子法实现二次加权，突出时间影响，确定评价对象在整个时间段的环境风险源危险性综合指数值。

（1）数据标准化。采用式（3-25）和式（3-26）的方法对不同评价对象相同时间点的相关指标数据进行标准化处理。

（2）基于纵—横向拉开档次法的一次集结。利用纵—横向拉开档次法计算获取河南省各市级行政单元在 t_k 时刻（即 2009～2015 年）的环境风险源危险性指数。具体步骤如下：

第一步，对于给定时间 t_k 的 n 个评价对象的 m 个指标 $x_1, x_2, \cdots, x_m$ 的数值（已标准化处理），用矩阵 A_k 表示，即

$$A_k = \begin{bmatrix} x'_{11}(t_k) & x'_{12}(t_k) & \cdots & x'_{1m}(t_k) \\ x'_{21}(t_k) & x'_{22}(t_k) & \cdots & x'_{2m}(t_k) \\ \vdots & \vdots & & \vdots \\ x'_{n1}(t_k) & x'_{n2}(t_k) & \cdots & x'_{nm}(t_k) \end{bmatrix} \tag{6-7}$$

第二步，计算 $m \times m$ 的实对称矩阵 H_k，即

$$H_k = A_k^{\mathrm{T}} A_k$$

第三步，计算 H_k 的最人特征值 $\lambda_{\max}$ 及其刈应的权重系数向量，并归一化处理，计算各指标的权重 $\omega_j(t_k)$。

第四步，计算函数：

$$y_i(t_k) = \sum_{j=1}^{m} \omega_j(t_k) \cdot x_{ij}(t_k) \quad (i=1, 2, \cdots, n; j=1, 2, \cdots, m) \tag{6-8}$$

式中，$y_i(t_k)$ 为评价对象 s_i 在 t_k 时刻的区域环境风险源危险性综合指数值。

（3）基于时序加权平均算子法的二次集结。根据参考文献（曲常胜等，2010；郭亚军等，2007），确定 λ 取值 0.25 适合环境风险源危险性综合评价。通过 LINGO16.0 软件求解式（6-4），计算时间权向量 ω。该软件是由美国 LINDO 公司开发的求解线性和非线性优化问题的简易工具，可从 LINDO 公司官方网站（http://www.lindo.com）免费获取。本章以 2009～2015 年河南省相关数据为基础，开展河南省区域环境源危险性评估研究，确定 ω =(0.027 9，0.042 9，0.065 9，0.101 3，0.155 6，0.239 1，0.367 3)^{T}；最终的评价函数为

$$y_i = \sum_{k=1}^{N} \omega_k \cdot y_i(t_k) \tag{6-9}$$

式中，y_i 为评价对象 s_i 在整个时间段（即 2009～2015 年）的环境风险源危险性综合指数值。

6.1.2　河南省区域环境风险源危险性指数的时间动态变化规律

图 6-2 所示为河南省各市级行政单元区域环境风险源危险性指数的时间动态变化规律。总体上，2009～2015 年河南省各市级行政单元的区域环境风险源危险性指数呈不断上升趋势。其中，周口、驻马店、商丘、新乡和郑州的环境风险源危险性指数上升趋势较为明显，环境风险源危险性指数分别上升了 199%、166%、159% 和 162%；而三门峡、漯河、焦作和洛阳的环境风险源危险性上升趋势较缓，环境

风险源危险性指数分别上升了 21.5%、1.63%、27.3%和40.0%。由此可知，随着经济的发展，周口、驻马店、商丘、新乡和郑州等城市的突发性环境风险源和累积性环境风险源增长趋势较快。区域环境风险源危险性指数的快速上升也意味着周口、驻马店、商丘、新乡和郑州等城市未来环境风险形势十分严峻，未来不断加强环境风险源的识别、监控和管理，降低区域突发性环境污染事故发生的风险，同时加强区域累积性环境污染物排放量的控制，降低整个区域的累积性环境污染事件的发生风险。

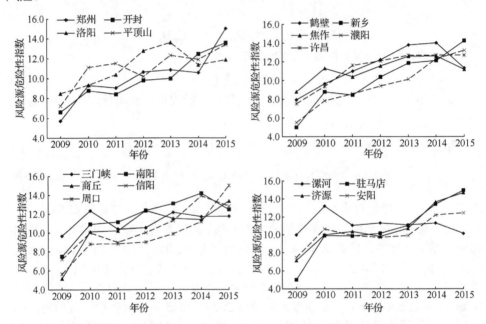

图 6-2 河南省各市级行政单元区域环境风险源危险性指数的时间动态变化规律

6.1.3 河南省区域环境风险源危险性综合指数空间变化特征

表 6-2 所示为河南省区域环境风险源危险性综合指数空间变化特征。结果表明河南省各市级行政单元的区域环境风险源危险性差异明显，总体呈现中北部城市高、东南部城市较低的特点。其中，郑州、焦作、济源和鹤壁的环境风险源危险性较高，环境风险源危险性综合指数分别为 13.23、11.19、10.82 和 10.66；商丘、周口、驻马店、信阳和南阳的环境风险源危险性较低，风险源危险性综合指数分别为 6.06、5.59、5.64、5.18 和 5.59。由于环境风险源危险性为正向性指标，即环境风险源危险性越大，表明区域发生环境损害的概率越高，风险越大（薛鹏丽等，2011）。因此，未来应该重点加强郑州、鹤壁、焦作和济源等城市产业结构调整，加强企业风险源排查、减少因操作失误和管理不当等原因造成事故发生，同时加强累积性环境污染物的排放和控制，降低累积性环境风险源的危险性。

表 6-2　河南省区域环境风险源危险性综合指数空间变化特征

城市	环境风险源危险性综合指数	城市	环境风险源危险性综合指数
郑州	13.23	许昌	9.48
开封	7.72	漯河	8.40
洛阳	7.63	三门峡	7.79
平顶山	8.28	南阳	5.59
安阳	9.00	商丘	6.06
鹤壁	10.66	信阳	5.18
新乡	8.19	周口	5.59
焦作	11.19	驻马店	5.64
濮阳	8.51	济源	10.82

　　河南省的区域环境风险源危险性的空间变化规律与各市级行政单元的经济发展模式和现状具有明显一致性，也与目前河南省区域环境质量状况空间分布特征高度一致，直观的体现就是河南省中北部城市空气质量远远低于东南部城市（王素仙等，2017）。郑州作为河南省省会城市，工业发展程度较高，工业企业密度和产值大，同时累积性环境污染物排放量也较高，环境风险源危险性形势较为严峻，也因此时常出现在"中国十大污染城市"之列（梁静波，2016）。焦作、济源等城市一直属于河南省重要的工业城市，工业发展密度较高，但水平较低。其中，煤炭开采和洗选业、化学原料及化学制品制造业、非金属矿物制品业、黑色金属冶炼及压延加工业、有色金属冶炼及压延加工业、电力热力的生产和供应业等高耗能、高污染重工业比重偏大，新型工业比重偏低，轻工业发育不足，整个工业仍然是高投入、高消耗、低效益的粗放型增长方式，资源型工业的特征十分明显，这种产业结构必然造成高消耗、高污染（梁静波，2016），导致区域环境风险源危险性也较高。

6.2　河南省区域环境风险源危险性综合指数等级分区

6.2.1　研究方法

　　聚类分析是指将物理或抽象对象的集合分组为由类似对象组成的多个类别的分析过程。聚类分析技术在数学、计算机科学、统计学、生物学和经济学等领域得到了广泛运用。这些技术方法被用作描述数据，衡量不同数据源间的相似性，以及把数据源分类到不同的簇中。分层聚类法（hierarchical cluster method）是聚类分析的常用方法。该方法是把每个样品作为一类，然后把最靠近的样品（即距离最小的群品）聚为小类，再将已聚合的小类按其类间距离再合并，不断继续，最后把一切子类都聚合到一个大类。

为进一步分析 2009～2015 年河南省各区域环境风险源危险性的空间差异，采用 SPSS 软件的分层聚类分析功能进行自动聚类分析。根据各评价单元的环境风险源危险性及反映其特征的突发性环境风险源和累积性环境风险源指标特征进行分类，以剖析不同评价单元的区域环境风险源危险性综合指数及其产生差异的原因。

6.2.2　河南省区域环境风险源危险性综合指数聚类分析

本节将河南省区域环境风险源危险性指数聚为高危险性、较高危险性、中度危险性、较低危险性、低危险性共五类等级区（图 6-3）。

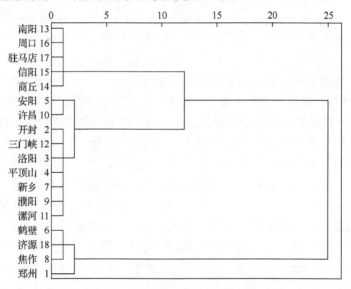

图 6-3　河南省区域环境风险源危险性聚类分析图

（1）郑州市属于高危险性区。郑州作为河南省经济发展程度较高的省会城市，工业企业密度高、累积性环境污染物排放量大，环境风险源危险性高。该类型区域总面积为 7 507km^2，约占河南省土地总面积的 4.51%。

（2）鹤壁、焦作、济源属于较高危险性区。该类型区域总面积约 8 301.1km^2，约占河南省土地总面积的 4.98%。

（3）安阳、许昌属于中度危险性区域。该类型区域总面积约 12 332km^2，占河南省土地总面积的 7.40%。

（4）开封、洛阳、平顶山、新乡、濮阳、漯河和三门峡属于较低危险性区域，该类型总面积约 55 442km^2，占河南省土地总面积的 33.28%。

（5）南阳、商丘、信阳、周口、驻马店属于低危险性区。该类型区域总面积约 83 010km², 占河南省土地总面积的 49.83%。

聚类分析结果显示河南省区域环境风险源危险性水平处于中等以上的城市包括郑州、鹤壁、焦作、济源、安阳、许昌共计六个,总面积为 28 140.1km², 约占河南省土地总面积的 16.89%。该类区域应作为河南省区域环境风险源识别、监控和管理的重点区域和对象,应集中有限资源优先管理,降低整个区域的环境风险源危险性。

6.3　讨论与分析

为应对日益紧迫的环境和资源压力,党的十八大把生态文明建设纳入中国特色社会主义事业"五位一体"总体布局,彰显了中央对生态文明建设的重视。河南省作为中部人口大省、传统农业大省和新兴工业大省,其生态环境保护在全国生态安全格局中具有重要地位。然而,河南省作为我国重工业和高能耗产业较为集中的区域,长期以来高消耗、高污染的经济增长方式对生态环境造成了严重的破坏(闫丽霞,2013)。随着中原经济区和中原城市群的建设推进,资源需求大幅增加,节能减排任务将更加艰巨,环保压力将更加突出(梁静波,2016)。

河南省经济总量在全国虽然比较靠前,但人们对生态环境的保护意识却比较薄弱,这主要表现在产业结构方面,如资源消耗型产业和重工业比重过高,资源和能源消耗过大,生态产业发展缓慢。近年来,河南省产业结构虽不断优化,第一产业比重持续下降,从 2005 年的 17.4%下降到 2014 年的 11.9%,第二产业比重不断升高,目前维持在 50%左右,但据 2014 年河南省产业结构数据显示,全省轻工业、重工业之比为 34∶66,重工业仍占绝对主导地位。这也就是河南省区域环境风险源危险性总体呈不断升高趋势的根本原因。同时,不断升高的区域环境风险源危险性也充分说明未来环境风险源识别、监控和管理的形势不容乐观,未来产业结构须更高级化,经济发展的质量和水平也应逐步高端化(何宇鹏等,2014)。

2010 年,国务院出台了《国务院关于中西部地区承接产业转移的指导意见》(国发〔2010〕28 号),对中西部地区承接产业转移、完善合作机制、优化发展环境、规范发展秩序进行了宏观部署。从区位、自然条件和经济发展状况等方面看,河南省有基础、有能力成为中西部地区主要的产业转移承接区域(杨延哲等,2014)。然而,为确保河南省区域环境风险源危险性形势不恶化,在产业转移过程中必须根据现有区域环境风险源危险性的空间差异,实现风险行业的合理选址和区域产业的优化布局。

本章研究结果表明，河南省环境风险源危险性空间变化明显，总体呈中北部地区较高，东南部地区较低的特点。其中，郑州、鹤壁、焦作、济源、安阳、许昌的环境风险源危险性综合指数较高，而南阳、商丘、信阳、周口、驻马店的环境风险源危险性综合指数较低。区域环境风险源危险性的空间差异可为风险行业选址或区域产业布局优化调整和产业转移提供依据。一方面，为了控制河南省区域环境风险源危险性的进一步快速增强，应将河南省东南部城市，如南阳、商丘、信阳、周口、驻马店等作为承接东部地区产业转移的重点规划区域。同时，在选择承接产业过程中必须缜密筛选，确保资源环境压力不增大，产业结构不恶化。另一方面，河南省中北部区域是河南省经济发展程度较高的区域，人群密集、经济密度高、生态环境脆弱，风险受体暴露性强，一旦环境风险源释放或者转为风险事件往往造成严重的后果和影响，未来河南省中北部城市环境风险源危险性的控制和管理将是政府决策部门的重要工作。为缓解中北部城市的环境风险源危险性，首先，利用现代科技和新的工艺技术对传统产业进行升级改造和优化，提高产业的技术含量；其次，努力推进节能减排，实行清洁生产和绿色生产，对一些高能耗、高污染的传统产业进行强制改造，对无法改造和提升的落后技术及产能坚决淘汰；最后，将该区域内部分风险行业和产业转移至河南省内部环境风险源危险性较低的区域，如南阳、商丘、信阳、周口、驻马店等城市，在河南省内部实现"腾笼换鸟"式的产业转移和升级，从而降低中北部城市的环境压力与风险。

6.4　本　章　小　结

本章在构建区域环境风险源危险性概念模型和相应评价指标体系的基础上，运用纵—横向拉开档次法和时序加权平均算子法对河南省区域环境风险源危险性进行时间动态综合评估，结果表明：

（1）时间上，河南省各市级行政单元的环境风险源危险性总体呈不断升高的趋势。这说明区域未来环境风险形势十分严峻，要不断加强环境风险源的识别、监控和管理，降低区域突发性环境污染事故的发生概率，更要加强区域累积性环境污染物排放的控制，降低区域的累积性环境污染风险。

（2）空间上，河南省区域环境风险源危险性综合指数空间变异明显，总体呈中北部城市高、东南部城市较低的特点。其中，郑州、鹤壁、焦作、济源、安阳、许昌的环境风险源危险性综合指数较高，南阳、商丘、信阳、周口、驻马店的环境风险源危险性综合指数较低。

（3）河南省区域环境风险源危险性的空间差异为风险行业选址或区域产业布

局优化调整和产业转移提供了依据。首先，为了控制河南省整体区域环境风险源危险性的进一步增强，应将东南部城市，如南阳、商丘、信阳、周口、驻马店作为承接东部地区产业转移的重点规划区域。其次，为了缓解中北部城市的环境风险形势，一方面，应加强该区域内产业结构升级改造，努力推进清洁生产和绿色生产；另一方面，可将该区域内的部分风险行业和产业转移至南阳、商丘、信阳、周口、驻马店等环境风险源危险性较低的城市，在河南省区域内部实现"腾笼换鸟"式的产业转移和升级。

参 考 文 献

郭亚军，潘建民，曹仲秋，2001. 由时序立体数据表支持的动态综合评价方法[J]. 东北大学学报（自然科学版），22（4）：464-467.

郭亚军，姚远，易平涛，2007. 一种动态综合评价方法及应用[J]. 系统工程理论与实践，27（10）：154-158.

郭振仁，张剑鸣，李文禧，2006. 突发性环境污染事故防范与应急[M]. 北京：中国环境科学出版社.

何宇鹏，孟刚，2014. 产业结构演变与区域经济发展的关系研究：基于河南省 1981～2012 年数据[J]. 郑州航空工业管理学院学报，32（2）：27-30.

胡海军，程光旭，禹盛林，等，2011. 一种基于层次分析法的危险化学品源安全评价综合模型[J]. 安全与环境学报，7（3）：141-144.

李其亮，毕军，杨洁，2005. 工业园区环境风险管理水平模糊数学评价模型及应用[J]. 环境保护（13）：20-22，28.

梁静波，2016. 生态文明视域下欠发达地区产业结构转型升级路径研究：以河南省为例[J]. 经济论坛（7）：13-17.

刘诗飞，詹予忠，2004. 重大危险源辨识及危害后果分析[M]. 北京：化学工业出版社.

马越，彭剑峰，宋永会，等，2012. 移动型环境风险源识别与分级方法研究[J]. 环境科学学报，32（8）：1999-2005.

曲常胜，毕军，黄蕾，等，2010. 我国区域环境风险动态综合评价研究[J]. 北京大学学报（自然科学版），46（3）：477-482.

邵磊，陈郁，张树深，2010. 基于 AHP 和熵权的跨界突发性大气环境风险源模糊综合评价[J]. 中国人口·资源与环境，20（s1）：135-138.

田多松，2016. 城市水源地环境风险源综合评价体系及管理对策研究[D]. 上海：华东师范大学.

汪金福，廖洁，2007. 化工项目环境风险模糊识别方法研究[J]. 环境科学与技术，30（7）：67-68，81.

王素仙，张永领，郭灵辉，2017. 河南省城市空气质量时空格局特征及驱动机制研究[J]. 资源开发与市场，33（8）：963-968，1010.

王肖惠，陈爽，秦海旭，等，2016. 基于事故风险源的城市环境风险分区研究：以南京市为例[J]. 长江流域资源与环境，25（3）：453-461.

魏国，杨志峰，李玉红，2005. 爆炸品类危险化学品事故统计分析及对策[J]. 北京师范大学学报（自然科学版），41（2）：210-212.

翁韬，朱霁平，麻名更，等，2006. 城市重大危险源区域风险评价研究[J]. 中国工程科学，8（9）：80-84，89.

吴宗之，1998. 易燃、易爆、有毒重大危险源评价方法与控制措施[J]. 中国安全科学学报，8（2）：60-64.

谢元博，李巍，郝芳华，2013. 基于区域环境风险评价的产业布局规划优化研究[J]. 中国环境科学，33（3）：560-568.

邢永健，王旭，可欣，等，2016. 基于风险场的区域突发性环境风险评价方法研究[J]. 中国环境科学，36（4）：1268-1274.

薛鹏丽，曾维华，2011. 上海市突发环境污染事故风险区划[J]. 中国环境科学，31（10）：1743-1750.

闫丽霞，2013. 河南省产业结构升级与环境污染关系研究[J]. 企业经济，32（8）：26-29.

杨洁，毕军，李其亮，等，2006. 区域环境风险区划理论与方法研究[J]. 环境科学研究，19（4）：132-137.

杨延哲，刘彩玲，李世杰，2014. 河南省承接产业转移的结构与空间考量[J]. 地域研究与开发，33（6）：70-74，112.

张晓春, 陈卫平, 马春, 等, 2012. 区域大气环境风险源识别与危险性评估[J]. 环境科学, 33 (12): 4167-4172.

ARUNRAJ N S, MAITI J, 2009. A methodology for overall consequence modeling in chemical industry[J]. Journal of hazardous materials, 169(1): 556-574.

CHEN T, LIU X M, ZHU M Z, et al., 2008. Identification of trace element sources and associated risk assessment in vegetable soils of the urban-rural transitional area of Hangzhou, China[J]. Environmental pollution, 151(1): 67-78.

COOPER E R, SIEWICKI TC, PHILLIPS K, 2008. Preliminary risk assessment database and risk ranking of pharmaceuticals in the environment[J]. Science of the total environment, 398(3): 28-33.

KHAN F I, ABBASI S A, 1999. Major accidents in process industries and an analysis of causes and consequences[J]. Journal of loss prevention in the process industries, 12(5): 361-378.

SANDERSON H, JOHNSON D, REITSMA T, et al., 2004. Ranking and prioritization of environmental risk of pharmaceuticals in surface waters[J]. Regul toxical pharmacol, 39(17): 1713-1719.

第7章　河南省区域环境风险受体脆弱性
动态综合评估与等级分区

　　脆弱性的概念起源于自然灾害研究，Timmerman（1981）首先提出了脆弱性的概念。美国学者 Alloy 等（1992）提出了生态系统的脆弱性。目前，脆弱性的概念已涉及灾害管理、生态学、公共健康、气候变化、土地利用、可持续性科学、经济学、工程学等众多研究领域。由于研究对象和学科视角差异，不同领域对脆弱性的概念界定角度和方式有很大差异，而且同一概念被不同研究领域学者所运用时内涵也有所不同。例如，Cutter（1994）认为脆弱性是指个体或者群体暴露于灾害或者其他不利影响的可能性；Tunner 等（2003）认为脆弱性是系统、子系统、系统组分等由于暴露于灾害（扰动或者压力）而可能遭受损害的程度。国内学者，如薛纪渝等（1995）认为脆弱性是相关系统及其组成要素易于受到的影响和破坏，并缺乏抗拒干扰、恢复初始状态的能力；蒋勇军等（2005）认为脆弱性是事物容易受到伤害或损伤的程度；李辉霞等（2003）从区域灾害系统的角度定义了区域脆弱性的概念，认为脆弱性是特定条件下区域容易受到伤害或损伤的程度大小，区域系统脆弱性反映了区域对灾害的承受能力。

　　综上可知，目前学术领域对脆弱性的概念认识尚未统一，关于脆弱性本质及构成要素的认识也存在分歧。但随着脆弱性研究的深入，脆弱性概念和构成要素的认识也日趋接近，如 Mitchell 等（1989）和 Bohle（2001）认为脆弱性包含内部、外部两个方面，其中内部方面指系统对外部扰动或冲击的应对能力，外部方面指系统对外部扰动或冲击的暴露；还有一些学者（Adger，2006；Tunner et al.，2003；McCarthy et al.，2001）认为系统对外界干扰的暴露、系统的敏感性、系统的适应能力是脆弱性的关键构成要素。

　　此外，2006 年在地球系统科学联盟全球环境变化大会上，学者们（Adger，2006；Smit et al.，2006；Vogel，2006）探讨了社会—生态框架下，脆弱性、适应力、抗逆力和弹性等概念，并认为暴露性、适应力或抗逆力是脆弱性的构成要素；Adger（2006）认为脆弱性分析应包括暴露性分析和适应能力分析，而且脆弱性评估必须从社会、生态环境双维出发。在此基础上，Lange 等（2009）提出了不同生态系统的脆弱性评价模型，并构建了包含暴露性和恢复力的生态系统脆弱性评估框架。

7.1　河南省区域环境风险受体脆弱性时空动态综合评估

7.1.1　研究方法

1. 区域环境风险受体脆弱性概念模型

关于区域环境风险系统受体脆弱性研究相对较晚，目前也没有形成统一的理论框架和模式（李鹤等，2008）。随着环境污染问题日益严重，环境风险受体脆弱性评价越来越受到关注。例如，薛鹏丽等（2011）和曾维华等（2013）认为应该从社会-经济和生态-环境双维度出发，构建环境风险受体脆弱性评价模型；杨小林等（2015）认为环境风险受体是区域环境风险的潜在承受体，是暴露于扰动和压力而容易受到损害的潜在对象（图7-1），是环境风险因子在环境转运过程中，可能遭受影响的人群、社会-经济和生态-环境系统，包含社会、经济、生态、环境及人群等要素组成的复杂系统。区域环境风险受体脆弱性评估须综合考虑人群、社会-经济和生态-环境系统，从受体暴露性和抗逆力的角度构建脆弱性概念模型。区域环境风险受体系统是由社会-经济、生态-环境和人群系统构成的复合系统，各子系统脆弱性构成要素主要包括受体暴露性和受体抗逆力。因此，本节从社会-经济、生态-环境和人群系统的暴露性和抗逆力角度构建区域环境风险受体脆弱性概念模型（图7-2），并认为受体暴露性越强，脆弱性越强，抗逆力越强（即受体面对环境风险事件的自我适应能力和恢复能力越强），脆弱性越弱，具体概念模型可用的表达式如下：

$$f(E) = \alpha f(E_1) + \beta f(E_2) + \gamma f(E_3) \tag{7-1}$$

$$f(R) = \alpha f(R_1) + \beta f(R_2) + \gamma f(R_3) \tag{7-2}$$

$$f(V) = f(E) / f(R) \tag{7-3}$$

式中，$f(E_1)$、$f(E_2)$、$f(E_3)$ 分别为人群、社会-经济及生态-环境系统的暴露性；$f(R_1)$、$f(R_2)$、$f(R_3)$ 分别为人群、社会-经济及生态-环境系统的抗逆力；α、β、γ 分别为不同受体的权重值；$f(V)$ 为区域环境风险受体的脆弱性。

2. 区域环境风险受体脆弱性评估指标体系构建

区域环境风险系统是环境风险源释放风险因子，经环境介质传播后作用于人群、社会-经济及生态-环境系统等风险受体，进而产生健康、财产与环境损害。由此可知，区域环境风险受体是由社会-经济系统、生态-环境系统和人群系统构成

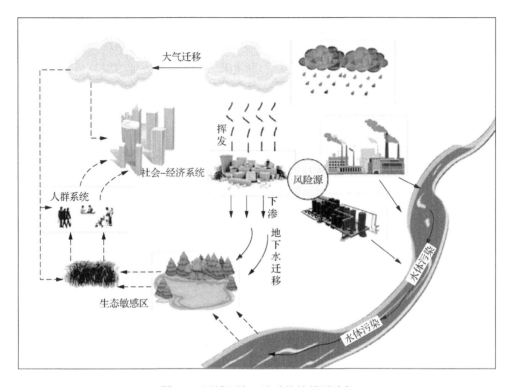

图 7-1　区域环境风险受体的暴露途径

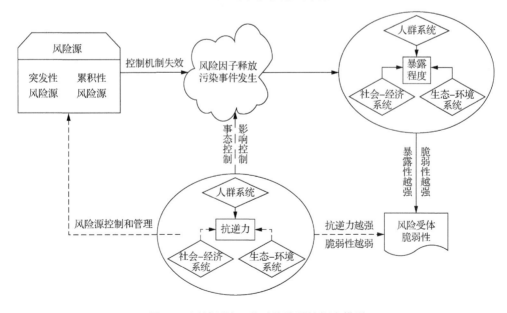

图 7-2　区域环境风险受体脆弱性概念模型

的复合系统。通过区域环境风险受体脆弱性概念模型分析可知，各子系统脆弱性构成要素主要包括受体暴露性和受体抗逆力。因此，环境风险受体脆弱性评价指标体系的设计应综合考虑人群、社会-经济和生态-环境系统等不同风险受体的暴露性和抗逆力特征。

　　本节以人群、社会-经济和生态-环境系统等多维受体的暴露性和抗逆力为描述视角，按照科学性、主导性、可量化、可操作性等原则选取代表性指标，构建区域环境风险受体脆弱性评价指标体系（表7-1）。本节选择人口密度、经济密度、耕地密度等指标表征受体暴露性；选择年度人均可支配收入、万人病床数、人均区域道路面积、万人区域社会管理人员等指标分别表征区域环境风险受体民众自救能力、社会救援能力、应急疏散能力、应急管理能力等。当某一区域发生环境损害时，人口密度、经济密度、耕地面积比越高，区域环境风险受体暴露性越强，可能造成的损失和破坏越大，脆弱性越强（李博等，2012）。反之，若年度人均可支配收入、万人病床数、人均区域道路面积、万人区域社会管理人员越高，面对环境损害时的承受力越强，区域环境风险受体的抗逆力则越强，脆弱性水平越低。本节数据资料均来源于2010~2016年《中国统计年鉴》和《河南省统计年鉴》。

表7-1　区域环境风险受体脆弱性评价指标体系构建

目标层	准则层	指标层	指标含义	指标解释
受体脆弱性	受体暴露性	人口密度	年度人口数/区域土地面积	年度人口数指年末人口统计总数
		经济密度	年度国民生产总值/区域土地面积	年度国民生产总值指区域按当年价格计算获得生产总值
		耕地密度	耕地面积/区域土地面积	耕地面积指熟地、新开发、复垦、整理地、25度以下坡耕地及休闲地的面积之和
	受体抗逆力	自救能力	年度人均可支配收入	人均可支配收入指家庭成员得到可用于最终消费支出和其他非义务性支出及储蓄的总和
		社会救援能力	病床数/万人	病床数包括医院、基层医疗卫生机构、专业公共卫生机构、其他医疗卫生机构的病床数
		应急疏散能力	区域道路面积/年人口数	区域道路面积指区域内城市镇年末所有道路、桥梁实有面积
		应急管理能力	环境与公共设施管理人员/万人	环境与公共设施管理人员包括水利、环境、公共设施管理和公共管理人数之和

　　注：所有指标数据均来源于2010~2016年《中国统计年鉴》和《河南省统计年鉴》。

3. 区域环境风险受体脆弱性时空动态综合评估流程

1）区域环境风险受体脆弱性时间动态变化评估过程

以突出相同对象不同时间点环境风险受体暴露性、抗逆力和脆弱性差异为出发点，采用纵一横向拉开档次法进行加权集结，采用暴露性和抗逆力指标分别计算河南省区域在不同时间的暴露性指数和抗逆力指数值，并通过区域环境风险受体脆弱性概念模型计算各评价对象在不同时间点的脆弱性指数值，具体步骤见第 6 章 6.1.1 节中"1）区域环境风险源危险性时间动态变化评估过程"。

2）区域环境风险受体综合脆弱性空间分布特征评估过程

以突出不同对象相同时间点环境风险受体暴露性、抗逆力和脆弱性差异为出发点。首先，采用纵一横向拉开档次法一次加权，确定不同评价对象在某时间段相同时间点的环境风险受体暴露性指数和抗逆力指数值，并通过区域环境风险受体脆弱性概念模型计算各评价对象在相同时间点的脆弱性指数值；然后利用时序加权平均算子法实现二次加权，突出时间影响，确定评价对象在整个时间段的环境风险受体暴露性、抗逆力和脆弱性综合评价值。本节以 2009~2015 年河南省的数据为数据源开展研究河南省区域环境风险受体脆弱性评估，故确定 ω=(0.027 9，0.042 9，0.065 9，0.101 3，0.155 6，0.239 1，0.367 3)^{T}，具体步骤见第 6 章 6.1.1 节中"2）区域环境风险源危险性空间分布特征综合评估过程"。

7.1.2　河南省区域环境风险受体脆弱性指数时间动态变化特征

1. 河南省区域环境风险受体暴露性指数时间动态变化特征

图 7-3 所示为 2009~2015 年河南省区域环境风险受体暴露性指数的时间动态变化特征，可知 2009~2015 年河南省区域环境风险受体的暴露性呈不断上升趋势，这与河南省的人口增加和经济快速增长密切相关。随着社会经济的快速增长，人口、物质和能量流不断聚集，导致社会风险受体的暴露性不断增加，暴露性水平的不断增强，将会对区域环境风险受体的脆弱性水平增强起到重要促进作用。风险受体暴露性强，一旦发生环境污染事件风险受体与风险事件之间的"空间叠加"增强，往往会导致严重后果。

2. 河南省区域环境风险受体抗逆力指数时间动态变化特征

图 7-4 所示为 2009~2015 年河南省区域环境风险受体抗逆力指数的时间动态变化特征。结果表明，2009~2015 年河南省区域环境风险受体的抗逆力指数呈不断上升趋势。这主要得益于，当经济发展到一定基础时，政府、企业对

环境风险高度重视，通过加大环境污染治理投资力度、强化社会保障在环境风险应对中的作用等措施，提高社会风险防范和应对能力（朱华桂，2012）。同时，随着社会公众教育水平的提高，公众的环境风险认知和抵御能力有所提高。其中，鹤壁、新乡和驻马店的风险受体抗逆力提升较为明显，2009～2015 年风险受体抗逆力指数均上升了近 200%；而郑州的区域环境风险受体抗逆力提升较为缓慢，2009～2015 年风险受体抗逆力指数仅上升了 48%。郑州作为河南省省会城市，人口密度高、经济密度高，风险受体的暴露性强，而风险受体的抗逆力提升速率不及受体暴露性增强速率，这必将导致区域环境风险受体的脆弱性不断增强，一旦发生环境污染事件将导致严重影响。因此，未来郑州应着重加强公众风险应对的宣传教育，提高社会保障、环境治理以及应急设施投资，进一步提升环境风险受体抗逆力，从而增强其对区域环境风险受体的脆弱性水平提升的抑制作用。

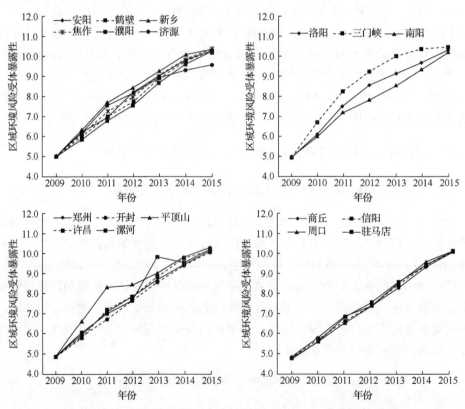

图 7-3　2009～2015 年河南省区域环境风险受体暴露性指数的时间动态变化特征

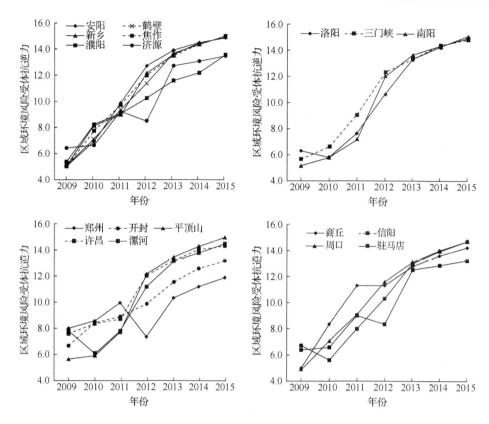

图 7-4　2009～2015 年河南省区域环境风险受体抗逆力指数的时间动态变化特征

3. 河南省区域环境风险受体脆弱性时间动态变化特征

受区域环境风险受体暴露性和抗逆力的综合影响，2009～2015 年河南省区域（郑州、开封、许昌和漯河除外）环境风险受体脆弱性总体呈波动下降的趋势（图 7-5）。其中，2009～2015 年安阳、鹤壁、新乡、濮阳、商丘和驻马店的风险受体脆弱性下降较为明显，脆弱性指数均下降了 30%以上。虽然 2009～2015 年郑州环境风险受体脆弱性水平呈现"先上升，后下降"的趋势，但是 2015 年的郑州的区域环境风险受体脆弱性指数相对于 2009 年却上升了 38.2%。作为河南省和中原经济区的核心城市，郑州的人口、物质和能量集聚快速，人群、社会经济、自然生态系统的暴露性增强明显，但风险受体抗逆力的增强却较为缓慢，其风险受体脆弱性不降反升。因此，未来郑州应重点通过加大环境污染治理投资，加快应急避难场所建设和加强公民应急知识宣传力度等措施提高环境风险受体的风险承受能力。

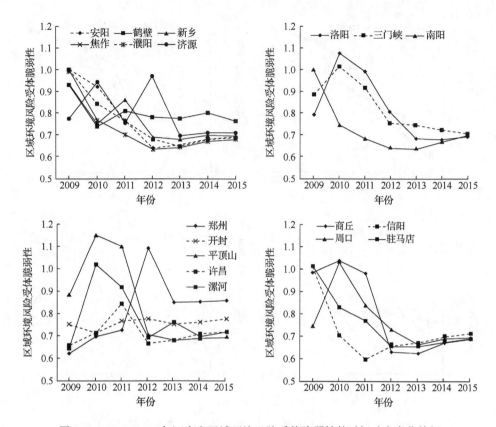

图 7-5　2009～2015 年河南省区域环境风险受体脆弱性的时间动态变化特征

7.1.3　河南省区域环境风险受体脆弱性综合指数空间分布特征

表 7-2 所示为河南省区域环境风险受体暴露性综合指数、抗逆力综合指数、脆弱性综合指数的空间分布特征。

（1）总体上，河南省区域环境风险受体暴露性的空间差异较为明显，呈中部高、东部次之、西部低的特点。其中，郑州、许昌、漯河的风险受体暴露性综合指数较高，分别为 12.94、12.05 和 13.06；三门峡、洛阳和济源的风险受体暴露性综合指数较低，分别为 5.10、6.88 和 6.24。河南省的区域环境风险受体暴露性综合指数的空间分布特征与社会经济发展中状况具有明显一致性，人口、物质和能量流越密集，受体暴露性越强，如郑州、漯河、许昌作为河南省风险受体暴露性综合指数较高的区域，人口密度分别是河南省平均人口密度的 1.84 倍、1.73 倍和 1.32 倍，经济密度分别是河南省平均经济密度的 2.92 倍、1.50 倍和 1.51 倍。

（2）总体上，河南省区域环境风险受体抗逆力与暴露性具有相似的空间分布特征，呈中部地区、北部地区、南部地区、东部地区逐渐变低的趋势。其中，郑州、洛阳和新乡抗逆力综合指数较高，分别为 12.42、10.33 和 9.86。商丘、三门峡和漯河的区域环境风险受体抗逆力指数较低，分别为 7.63、7.92、8.15。河南省区域环境风险受体抗逆力的空间分布特征与社会整体发展状况较为一致的特点表明社会经济发展对受体风险承受能力的提升具有一定促进作用。

表 7-2　河南省区域环境风险受体暴露性综合指数、抗逆力综合指数、
脆弱性综合指数的空间分布特征

城市	暴露性综合指数	抗逆力综合指数	脆弱性综合指数
郑州	12.94	12.42	1.04
开封	11.02	8.73	1.26
洛阳	6.88	10.33	0.67
平顶山	8.46	9.50	0.89
安阳	9.89	9.43	1.05
鹤壁	9.50	8.43	1.13
新乡	9.58	9.86	0.97
焦作	9.59	9.52	1.01
濮阳	11.12	8.43	1.32
许昌	12.05	8.60	1.40
漯河	13.06	8.15	1.60
三门峡	5.10	7.92	0.64
南阳	7.07	9.50	0.74
商丘	10.48	7.63	1.37
信阳	7.23	9.03	0.80
周口	10.97	8.81	1.24
驻马店	8.96	9.23	0.97
济源	6.24	9.23	0.68

（3）受区域环境风险受体暴露性和受体抗逆力综合影响，河南省区域环境风险受体综合脆弱性总体呈中东部地区较高，西部地区较低的特点。其中，漯河、许昌、商丘、濮阳、开封和周口的风险受体脆弱性综合指数分别为 1.60、1.40、1.37、1.32、1.26 和 1.24，是河南省风险受体脆弱性综合指数较高的区域。该类区域人口密集、医疗卫生事业、道路交通基础设施等方面不够完善，应急救援能力、应急疏散能力相对薄弱，导致其风险受体抗逆力较弱；三门峡、洛阳、济源、南阳和信阳风险受体脆弱性综合指数值较小，分别为 0.64、0.67、0.68、0.74、0.80，表明该类区域是河南省区域环境风险受体脆弱性较低区域，面对环境损害的自我恢复能力较强。

郑州作为河南省的中心城市，风险受体暴露性和受体抗逆力均较强，受二者共同作用和影响，其受体脆弱性相对较低，说明郑州在区域环境风险受体脆弱性

的控制方面取得了一定的成果，但是该区域环境风险源密集，环境风险源危险性也较高，区域综合环境风险压力不容忽视。漯河作为河南省区域环境风险受体暴露性较强的区域之一，风险受体抗逆力水平却处于较低水平，导致其环境风险受体脆弱性较高，一旦发生环境污染事件，将会造成严重的破坏和影响。由于脆弱性为逆向指标，即脆弱性越大，受体越敏感或适应力越差，在发生环境损害时，可能遭受的损失越严重（薛鹏丽等，2011）。因此，未来应该重点加强郑州、漯河等高暴露性城市的基础设施建设，提高公众风险意识，提高整个社会的风险抗逆力，从而降低区域环境风险受体的综合脆弱性。

7.2　河南省区域环境风险受体脆弱性综合指数等级分区

7.2.1　研究方法

为进一步分析 2009～2015 年河南省区域环境风险受体脆弱性的空间分布特征，本节采用 SPSS 软件的分层聚类分析功能进行聚类分析，根据区域环境风险受体综合脆弱性水平及反映其特征的各指标进行分类，以剖析区域环境风险受体综合脆弱性水平及其产生差异的原因。

7.2.2　河南省区域环境风险受体脆弱性综合指数聚类分析

采用 SPSS 19.0 软件的分层聚类分析功能进行聚类分析，根据区域环境风险的受体脆弱性综合指数及反映其特征的风险受体暴露性和抗逆力进行分类，分别将河南省区域环境风险受体暴露性、抗逆力和综合脆弱性聚为高、较高、中等、较低和低五类等级区。

（1）受体暴露性等级分区。图 7-6 所示为河南省区域环境风险受体暴露性综合指数的聚类分区图，将河南省 18 个市级行政单元的受体暴露性聚为高暴露性区、较高暴露性区、中等暴露性区、较低暴露性区、低暴露性区五类等级区。其中，郑州、许昌和漯河属于高暴露性区，该类型区域总面积为 15 101km^2，约占河南省土地总面积的 9.06%；开封、濮阳、商丘、周口属于较高暴露性区，该类型区域总面积为 33 139km^2，约占河南省土地总面积的 19.89%；平顶山、安阳、鹤壁、新乡、焦作、驻马店属于中等暴露性区域，该类型区域总面积为 45 210.1km^2，约占河南省土地总面积的 27.14%；洛阳、南阳、信阳、济源属于较低暴露性区域，该类型区域总面积为 62 833km^2，约占河南省土地总面积的 37.72%；三门峡属于低暴露性区域，总面积为 10 309km^2，约占河南省土地总面积的 6.19%。聚类分析结果显示，河南省区域环境风险受体暴露性水平处于中等以上的城市包括郑州、许昌、漯河、开封、濮阳、商丘、周口等，总面积为 48 240km²，约占河南省土地总面积的 28.96%。

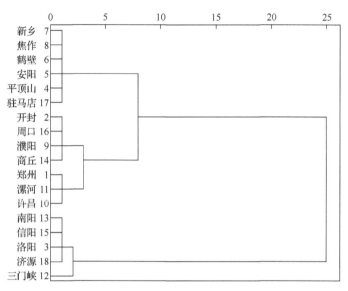

图 7-6　河南省区域环境风险受体暴露性综合指数的聚类分区图

（2）受体抗逆力等级分区。图 7-7 所示为河南省区域环境风险受体抗逆力综合指数的聚类分区图，将河南省区域环境风险受体抗逆力聚为高抗逆力区、较高抗逆力区、中等抗逆力区、较低抗逆力区、低抗逆力区五类等级区。其中郑州属于高抗逆力区，该类型区域总面积为 7 507km²，约占河南省土地总面积的 4.51%；洛阳属于较高抗逆力区域，该区域总面积为 15 492km²，约占河南省土地总面积的 9.30%；平顶山、安阳、新乡、焦作、南阳、信阳、驻马店、济源属于中等抗逆力区域，该类型区域总面积为 90 252.1km²，约占河南省土地总面积的 54.18%；开封、鹤壁、濮阳、许昌、周口属于抗逆力较低的等级区域，该类型区域总面积为 29 757km²，约占河南省土地总面积的 17.86%；漯河、三门峡、商丘属于低抗逆力等级区，该类型区域总面积为 23 584km²，约占河南省土地总面积的 14.16%。聚类分析结果显示河南省区域环境风险受体抗逆力水平处于中等以下的城市包括开封、鹤壁、濮阳、许昌、周口、漯河、三门峡、商丘等，总面积为 53 341km²，约占河南省土地总面积的 32.02%。

（3）受体综合脆弱性等级分区。图 7-8 所示为河南省区域环境风险受体脆弱性综合指数的聚类分区图。其中，漯河属于高脆弱性区域，该类型区域总面积为 2 617km²，约占河南省土地总面积的 1.57%；开封、濮阳、许昌、商丘、周口属于较高脆弱性区域，该类型区域总面积为 38 116km²，约占河南省土地总面积的 22.88%；郑州、安阳、鹤壁属于中等脆弱性区域，该类型区域总面积为 17 161km²，约占河南省土地总面积的 10.30%；平顶山、新乡、焦作、驻马店属于较低脆弱性区域，该类型区域总面积为 35 556.1km²，约占河南省土地总面积的 21.34%；洛阳、三门峡、南阳、信阳、济源属于低脆弱性区域,该类型区域总面积为 73 142km²，约占河南省土地总面积的 43.90%。聚类分析结果显示河南省区域环境风险受体脆弱性水平处于中等以上的城市包括漯河、开封、濮阳、许昌、商丘、周口，总面积为 40 733km²，约占河南省土地总面积的 24.45%。

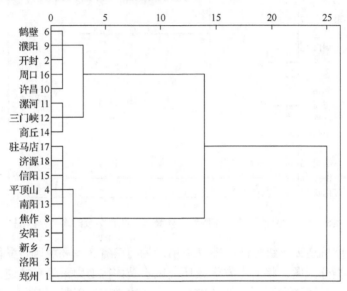

图 7-7　河南省区域环境风险受体抗逆力综合指数的聚类分区图

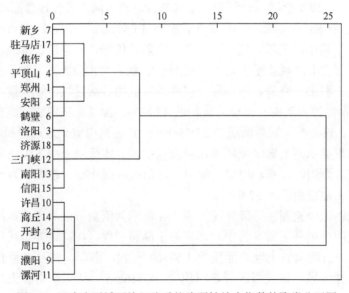

图 7-8　河南省区域环境风险受体脆弱性综合指数的聚类分区图

7.3　讨论与分析

　　我国正处于工业化中后期，经济的快速增长动力依然以高污染、高风险的第二产业为主，这势必给环境安全造成持续压力，环境风险形势严峻（薛鹏丽等，2011）。日益加剧的环境风险，严重威胁和制约着我国经济的可持续发展（王芳等，2012）。环境与风险并存，将风险影响"最小化"，降低环境风险受体脆弱性，提高受体的风险承受能力尤为重要（曾维华等，2013）。

　　河南省区域环境风险受体脆弱性的时间变化特征表明社会经济发展对环境风险受体脆弱性水平现状的改观具有一定促进作用。人口增加和社会经济发展致使区域环境风险受体暴露性不断升高，但由于区域各级政府和企业对环境风险预防和控制的高度重视，受体抗逆力不断提升，环境风险承受能力也不断增强。随着未来中原经济区建设，区域人口、物质、能量流将进一步集聚，区域暴露性将进一步增强。因此，未来河南省应进一步加强应急避难场所、道路交通、环境治理等基础设施建设，加大公众生态环境保护和应急知识宣传力度等，提高区域环境风险受体抗逆力水平。

　　脆弱性空间分布特征反映了区域不同地域单元环境风险承受能力的差异（薛鹏丽等，2011）。本章研究结果表明，河南省环境风险受体脆弱性空间变异明显，总体呈中东部地区较高、西部地区较低的特点。其中，漯河、开封、濮阳、许昌、商丘、周口等市的综合脆弱性水平较高，洛阳、三门峡、南阳、信阳、济源的综合脆弱性水平较低。河南省作为中原经济区建设的核心区域，中原经济区建设将是河南省经济崛起的重大机遇，在区域开发建设的背景下，面临的环境风险源危险性将不断加大，区域风险形势将更加严峻，未来应通过加强风险企业的优化布局、环境风险源排查等措施降低环境风险源危险性。同时，对于风险受体脆弱性较高的区域要加快环境治理、应急避难场所等基础设施建设，强化社会保障和保险制度在社会及公众环境风险应对中的作用，通过宣传教育不断提高公众的环境风险应对能力，降低环境风险受体的脆弱性。随着区域开发建设，洛阳、三门峡、南阳、信阳、济源等综合脆弱性水平较低的区域，人口、能量和物质流将不断聚集，脆弱性水平较低可能是短期存在，风险受体的暴露性将不断增强，因此，未来也要着重提高区域环境风险受体的抗逆力，尽可能避免脆弱性水平的快速增强。

　　环境风险受体脆弱性的空间差异为风险行业选址或区域产业布局优化调整提供了依据（李博等，2012）。河南省中东部地区的环境风险源危险性高、受体脆弱性强，因此要加快该类区域的产业结构升级和转型，建立重点企业严格的制度保障和社会监督，加强从业人员的技术指导和培训，降低各种环境污染事件的发生概率；同时，加强风险行业的重新选址或向三门峡、南阳、信阳等脆弱性相对较低的中西部地区转移。中西部地区在承接东部产业转移过程中应把握技术和市场准入门槛，完善环境经济政策，鼓励企业环境友好行为，减少产业转移项目的污染效应，加大环境污染治理、道路交通及应急避难场所等基础设施投资，加强公众减灾宣传教育，提高公众环境风险应对能力。

7.4　本章小结

　　本章在构建区域环境风险受体脆弱性概念模型和脆弱性评价指标体系的基础上，运用纵—横向拉开档次法和时序加权平均算子法对河南省区域环境风险受体暴露性、风险受体抗逆力和风险受体脆弱性进行时间动态综合评估，结果表明：

　　（1）时间上，受暴露性和抗逆力的共同作用，河南省各城市环境风险受体脆弱性总体呈波动下降的趋势，说明河南省各城市对环境风险的承受能力逐渐增强。但随着中原经济区的建设，风险受体暴露性将不断增强，未来各区域环境风险受体抗逆力的提高仍将是环境风险管理的重要内容和措施。

　　（2）空间上，河南省区域环境风险受体综合脆弱性空间分布特征明显，呈现中东部地区高、西部地区较低的特点。其中，漯河、开封、濮阳、许昌、商丘、周口的环境风险受体脆弱性综合指数较高，洛阳、三门峡、南阳、信阳、济源的环境风险受体脆弱性综合指数较低。对于漯河、开封、濮阳等风险受体脆弱性综合指数较高的区域，应重点加强对该区域风险受体的保护，降低风险受体脆弱性综合指数。对于三门峡、南阳、信阳等低脆弱区可作为中东部地区高环境风险源危险性区域和高风险受体脆弱性区域的产业转移的承接地，但应重点评估产业转移带来的环境风险，加强生态环境保护工作，提高整个社会的环境风险承受能力。

参 考 文 献

蒋勇军，袁道先，章程，等，2005. 典型岩溶农业区土地利用变化对土壤性质的影响[J]. 地理学报，60（5）：751-761.
李博，韩增林，孙才志，等，2012. 环渤海地区人海资源环境系统脆弱性的时空分析[J]. 资源科学，34（11）：2214-2221.
李鹤，张平宇，程叶青，2008. 脆弱性的概念及其评价方法[J]. 地理科学进展，27（2）：18-25.
李辉霞，陈国阶，2003. 可托方法在区域易损性评判中的应用：以四川省为例[J]. 地理科学，23（93）：335-341.
王芳，2012. 转型加速期我国的环境风险及其社会应对[J]. 河北学刊，32（6）：117-122.
薛纪渝，赵桂久，1995. 生态环境综合整治与恢复技术研究[M]. 北京：科学技术出版社.
薛鹏丽，曾维华，2011. 上海市环境污染事故风险受体脆弱性评价研究[J]. 环境科学学报，31（11）：2556-2561.
杨小林，程书波，李义玲，2015. 基于客观赋权法的长江流域环境污染事故风险受体脆弱性时空变异特征研究[J]. 地理与地理信息科学，31（2）：119-124.

曾维华, 宋永会, 姚新, 等, 2013. 多尺度突发环境污染事故风险区划[M]. 北京: 科学出版社.

朱华桂, 2012. 论风险社会中的社区抗逆力问题[J]. 南京大学学报 (哲学·人文科学·社会科学), 49 (5): 47-53.

ADGER W N, 2006. Vulnerability[J]. Global environmental change, 16(3): 268-281.

ALLOY L B, CLEMENTS C M, 1992. Illusion of control: invulnerability to negative affect and depressive symptoms after laboratory and natural stressors[J]. Journal of abnormal psychology, 101(2): 234.

BOHLE H G, 2001.Vulnerability and criticality: perspectives from social geography[J].Newsletter of the International human dimensions programme on global environmental change (2): 1-7.

CUTTER S L, 1994. Living with risk: the geography of technological hazards[J].Geography, 79(1): 91-92.

LANGE H J, SALA S, VIGHI M, et al., 2009. Ecological vulnerability in risk assessment- a review and perspectives[J]. Science of the total environment, 408(18): 3871-3879.

MCCARTHY J J, CANZIANI O F, LEARY N A, et al., 2001. Climate change 2001: impacts, adaptation and vulnerability, third assessment report of the IPCC[R]. Cambridge: Cambridge University Press.

MITCHELL J, DEVINE N, JAGGER K, 1989. A contextual model of natural hazards[J]. Geographical review, 79(4): 391-409.

SMIT B, WANDEL J, 2006. Adaptation, adaptive capacity and vulnerability[J]. Global environmental change, 16(3): 282-292.

TIMMERMAN P, 1981. Vulnerability, resilience and the collapse of society: a review of models and possible climatic applications[R]. Toronto: Institute for Environmental Studies,University of Toronto.

TUNNER II B L, KASPERSON R E, MATSON P A, et al., 2003. A framework for vulnerability analysis in sustainability science[C]//Proceedings of the national academy of sciences of the United, 100(14): 8074-8079.

VOGEL C, 2006. Foreword: resilience, vulnerability and adaptation: a cross cutting theme of the international human dimension program on global environmental change[J]. Global environmental change, 16(3): 254-267.

第8章 河南省区域环境风险动态综合评估与等级分区

8.1 河南省区域环境风险动态综合评估

8.1.1 研究方法

1. 区域环境风险概念模型

灾害风险管理领域多采用由环境风险源危险性、受体暴露性和抗逆力三要素构成的风险三角形方法进行灾害综合指数评估（曲常胜等，2010），该方法也适用于区域环境风险评估。区域环境风险是环境风险源释放出风险因子，经各种环境介质传播转运作用于人群、社会经济、自然环境等风险受体，进而产生健康、财产和环境损害（杨洁等，2006）。因此，环境风险源危险性、受体暴露性和受体抗逆力构成了区域环境风险的基本要素，其中，受体暴露性和抗逆力决定了系统受体的脆弱性水平，并构建以下概念模型［图8-1和式（8-1）］：

$$R = \frac{f(H) \times f(E)}{f(R)} = f(H) \times f(V) \tag{8-1}$$

式中，R、$f(H)$、$f(E)$、$f(R)$和$f(V)$分别为评价对象的区域环境风险、环境风险源危险性、受体暴露性、受体抗逆力和受体脆弱性。

2. 区域环境风险评估指标体系构建

根据区域环境风险概念模型，区域环境风险受到环境风险源危险性、受体暴露性和受体抗逆力的共同影响（图8-1）。

（1）环境风险源危险性指一定孕灾环境下，给人群、经济、社会、生态、环境带来损害的环境事件发生的可能性，体现为突发性环境风险源和累积性环境风险源的密度和状态等。

（2）受体暴露性指一定孕灾环境下，受环境污染威胁的人群、自然环境和社会系统等风险受体的分布特征，体现为受体的种类、数量、密度、价值等，如人口密度、经济密度、重要环境敏感目标密度（包括自然保护区密度、耕地密度、水源地密度)等可代表受体暴露性水平(李艳萍等，2014；曲常胜等，2010)。

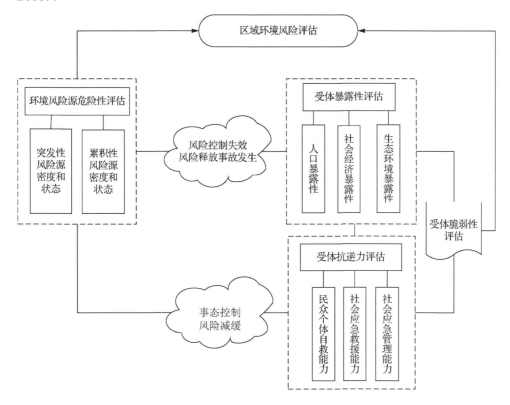

图 8-1　区域环境风险概念模型框架

(3)受体抗逆力指风险受体对环境污染影响的敏感程度，体现为受体自身抵御与主动减轻环境污染事件影响的能力，与民众自救互救、社会应急救援和社会应急管理水平等因素有关，如人均可支配收入、专业机构应急救援能力、区域应急投入、应急管理人员数量等可代表受体抗逆力水平(薛鹏丽等，2011)。受体暴露性、抗逆力共同决定了受体脆弱性，即暴露性越强，脆弱性越强；抗逆力越强，脆弱性越弱。

根据文献资料(王肖惠等，2016；曾维华等，2013；曲常胜等，2010)，筛选出危险性、暴露性和抗逆力的主要表征指标，并考虑到客观赋权法对量化数据的要求与数据获取的难易程度，基于指标典型性、系统性、主导性、数据可获得性、动态性等一系列原则构建评估指标框架(图 8-2)。本章选择重工业企业密度和产值密度表征突发性环境风险源危险性，选择废水、废气和固体废物排放负荷表征累积性环境风险源危险性。若某一区域重工业企业密度与产值密度越大，废水、废气和固体废物排放负荷越高，发生环境损害的可能性越高，可衡量区域环境风险源危险性（曾维华等，2013）。选择人口密度、经济密度和耕地密度等指标分别表征人群系统、经济-系统及生态-环境系统等受体暴露性。当某一区域发生环境损害时，人口密度、经济密度和耕地密度越高，暴露性越强，可能造成的人员伤害、经济损失和生态影响越大。选择人均可支配收入、万人病床数、人均道路面积及万人环境与公共设施管理人数分别代表民众自救、社会救援、应急疏散和社会应急管理能力，表征风险受体抗逆力。当区域发生环境损害时，人均可支配收入越高，民众自救能力越强，区域万人病床数、人均道路面积及万人环境与公共设施管理人员越高，表明社会应急救援与应急管理能力越强，面对环境损害的抗逆力越强。

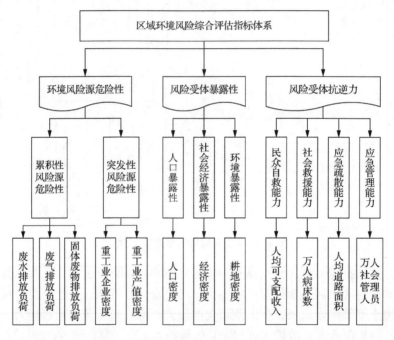

图 8-2 区域环境风险综合评估指标体系

3. 区域环境风险时空动态综合评估过程

1）区域环境风险时间动态变化评估过程

以突出相同评价对象不同时间点环境风险源危险性、受体暴露性、受体抗逆力及环境风险的差异为出发点，利用纵—横向拉开档次法进行加权集结，采用环境风险源危险性、受体暴露性和受体抗逆力指标分别计算河南省区域在不同时间的环境风险源危险性指数、受体暴露性指数和抗逆力指数值，并通过区域环境风险受体脆弱性概念模型和环境风险概念模型计算各评价对象在不同时间点的脆弱性指数值和环境风险指数值，具体步骤见第 6 章 6.1.1 节中 "1) 区域环境风险源危险性时间动态变化评估过程"。

　　2) 区域环境风险综合指数空间分布特征评估过程

　　以突出不同评价对象相同时间点的环境风险源危险性、受体暴露性、受体抗逆力及环境风险的差异为出发点。首先，采用纵一横向拉开档次法一次加权，确定不同评价对象在某段时间相同时间点的环境风险源危险性指数、受体暴露性指数和受体抗逆力指数；其次，利用时序加权平均算子法实现二次加权，突出时间影响，确定评价对象在整个时间段的区域环境风险源危险性综合指数、受体暴露性综合指数和抗逆力综合指数；最后，根据区域环境风险受体脆弱性概念模型和区域环境风险概念模型，利用各评价单元的环境风险源危险性综合指数值、受体暴露性综合指数值和抗逆力综合指数值，计算各评价单元在整个评价时间段的受体脆弱性综合指数值和环境风险综合指数值。具体步骤见第 6 章 6.1.1 节中 "2) 区域环境风险源危险性空间分布特征综合评估过程"。

8.1.2　河南省区域环境风险指数时间动态变化特征

　　本书第 6 章和第 7 章分别对河南省区域环境风险源危险性和风险受体脆弱性的时间动态变化特征进行了分析。结果显示，2009～2015 年河南省区域环境风险源危险性指数时间变化趋势差异较大。其中，驻马店、新乡、周口和郑州的风险源危险性上升趋势较为明显；漯河、三门峡和焦作的环境风险源危险性指数的时间变化幅度较小（表 8-1）。此外，2009～2015 年河南省各市级行政单元的区域环境风险受体脆弱性指数呈现不断下降的趋势（表 8-2）。其中，安阳、鹤壁、新乡、濮阳、商丘和驻马店等市的风险受体脆弱性指数下降较为明显，2009～2015 年环境风险受体脆弱性指数分别下降了 31%、32%、31%、31%、32% 和 32%。郑州、开封、许昌和漯河的风险受体脆弱性指数未降反升，2009～2015 年环境风险受体脆弱性指数分别升高了 39%、3%、10% 和 11%。

表 8-1　河南省区域环境风险源危险性指数的时间变化特征时序动态评价值

城市位置	城市名称	风险源危险性指数						
		2009 年	2010 年	2011 年	2012 年	2013 年	2014 年	2015 年
北部城市	安阳	7.45	10.64	9.90	9.72	9.91	12.22	12.45
	鹤壁	7.92	9.67	11.00	12.22	13.81	14.04	11.33
	新乡	5.00	8.77	8.44	10.39	11.88	12.14	14.26
	焦作	8.80	11.30	10.41	11.56	12.60	12.62	11.19
	濮阳	5.52	7.83	8.56	9.43	10.16	12.33	13.23
	济源	0.78	0.94	0.75	0.97	0.69	0.71	0.71

续表

城市位置	城市名称	风险源危险性指数						
		2009 年	2010 年	2011 年	2012 年	2013 年	2014 年	2015 年
中部城市	郑州	5.72	9.31	9.07	10.65	10.85	10.57	15.00
	开封	6.60	8.77	8.41	9.82	10.00	12.46	13.57
	平顶山	7.23	11.12	11.53	10.19	12.31	11.90	13.39
	许昌	7.50	9.38	11.61	12.11	12.71	12.72	12.72
	漯河	9.99	13.20	11.05	11.32	11.11	11.32	10.15
西南部城市	洛阳	8.48	9.35	10.38	12.78	13.60	11.37	11.87
	三门峡	9.66	12.34	10.41	10.55	12.17	11.71	11.75
	南阳	7.47	10.91	11.14	12.37	13.09	14.19	12.47
东南部城市	商丘	5.17	10.11	10.22	12.35	11.52	11.39	13.37
	信阳	7.18	9.99	8.99	10.01	11.27	13.92	12.83
	周口	5.63	8.81	8.84	9.01	9.87	11.18	15.00
	驻马店	5.00	9.90	9.86	10.16	11.05	13.44	14.96

表 8-2　河南省区域环境风险受体脆弱性指数的时间变化特征

城市位置	城市名称	风险受体脆弱性指数						
		2009 年	2010 年	2011 年	2012 年	2013 年	2014 年	2015 年
北部城市	安阳	1.00	0.92	0.76	0.64	0.65	0.67	0.69
	鹤壁	1.00	0.84	0.76	0.68	0.65	0.68	0.68
	新乡	1.00	0.76	0.86	0.69	0.68	0.70	0.69
	焦作	0.93	0.74	0.81	0.78	0.77	0.80	0.76
	濮阳	0.99	0.76	0.70	0.63	0.64	0.67	0.68
	济源	0.78	0.94	0.75	0.97	0.69	0.71	0.71
中部城市	郑州	0.62	0.70	0.72	1.09	0.85	0.85	0.86
	开封	0.75	0.71	0.77	0.78	0.75	0.76	0.77
	平顶山	0.88	1.15	1.10	0.71	0.68	0.69	0.69
	许昌	0.66	0.71	0.84	0.66	0.68	0.70	0.72
	漯河	0.64	1.01	0.92	0.69	0.76	0.70	0.71
西南部城市	洛阳	0.80	1.07	0.99	0.81	0.69	0.68	0.69
	三门峡	0.88	1.01	0.92	0.75	0.75	0.72	0.71
	南阳	1.00	0.75	0.69	0.64	0.64	0.67	0.70
东南部城市	商丘	0.97	1.03	0.97	0.63	0.62	0.66	0.68
	信阳	1.00	0.70	0.59	0.66	0.66	0.69	0.70
	周口	0.74	1.03	0.83	0.72	0.65	0.68	0.68
	驻马店	1.00	0.82	0.76	0.65	0.65	0.67	0.68

图 8-3 显示了 2009～2015 年河南省区域环境风险指数的时间动态变化特征。

受区域环境风险源危险性和风险受体脆弱性的综合影响，2009～2015 年河南省各市级行政单元区域环境风险总体呈现波动上升的趋势（鹤壁和三门峡除外），但各市级行政单元的区域环境风险变化趋势差异较大。其中，郑州、开封、周口和驻马店的环境风险上升较快，2009～2015 年各市环境风险指数分别提高了 2.63 倍、1.13 倍、1.47 倍和 1.04 倍。2009～2015 年焦作、漯河、信阳的环境风险指数分别提高了 3.90%、12.88% 和 25.84%，鹤壁和三门峡的环境风险指数分别下降了 2.10% 和 2.56%。

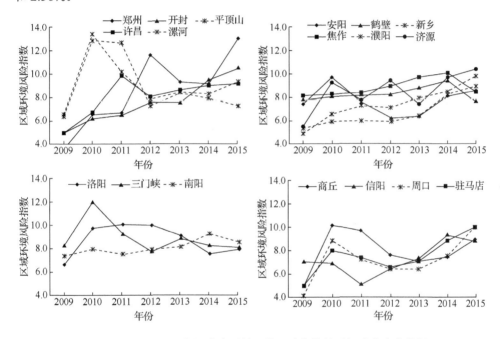

图 8-3　2009～2015 年河南省区域环境风险指数的时间动态变化特征

8.1.3　河南省区域环境风险综合指数空间分布特征

本书第 6 章和第 7 章内容分别对河南省区域环境风险源危险性水平和风险受体综合暴露性、综合抗逆力水平的空间分布特征进行了分析。首先，河南省区域环境风险源危险性水平的空间差异较大（表 8-3），以郑州为中心的城市群的环境风险源危险性综合指数要远高于其他地区。其中，郑州、鹤壁、焦作和济源的环境风险源危险性综合指数较高；南阳、商丘、信阳、周口、驻马店等市的环境风险源危险性综合指数相对较低。其次，河南省区域环境风险受体暴露性水平空间分布特征明显（表 8-4）。其中，郑州、濮阳、漯河、许昌、开封等市的区域环境风险受体暴露性较强；河南省西部城市的区域环境风险受体暴露性相对较弱。最后，河南省区域环境风险受体抗逆力空间差异也十分明显（表 8-5），中北部地区

（如郑州、洛阳等）区域环境风险受体抗逆力综合指数最高，而商丘、三门峡和漯河等市的区域环境受体抗逆力综合指数较低。

表 8-3　河南省区域环境风险源危险性指数变化特征

位置	城市	环境风险源危险性指数							危险性综合指数
		2009 年	2010 年	2011 年	2012 年	2013 年	2014 年	2015 年	
北部城市	安阳	9.14	9.45	9.33	9.17	9.12	9.32	8.57	9.00
	鹤壁	10.72	11.10	11.21	11.14	11.25	10.92	9.94	10.66
	新乡	7.41	7.73	7.78	7.77	7.76	7.64	9.04	8.19
	焦作	11.85	11.66	11.65	11.56	11.70	11.46	10.52	11.19
	濮阳	8.09	8.23	8.37	8.48	8.54	8.65	8.50	8.51
	济源	10.19	10.92	11.12	11.10	11.08	11.24	10.35	10.82
中部城市	郑州	14.73	13.64	13.73	13.63	13.63	13.15	12.76	13.23
	开封	7.90	7.85	7.83	7.81	7.83	7.85	7.52	7.72
	平顶山	8.50	9.08	9.08	8.71	8.63	8.36	7.72	8.28
	许昌	9.37	9.37	9.53	9.36	9.56	9.47	9.49	9.48
	漯河	9.41	9.25	8.82	8.65	8.53	8.58	7.91	8.40
西南部城市	洛阳	7.60	7.94	8.13	8.11	7.99	7.66	7.21	7.63
	三门峡	6.66	8.00	8.06	7.96	7.89	7.83	7.67	7.79
	南阳	5.22	5.59	5.67	5.66	5.60	5.60	5.58	5.59
东南部城市	商丘	5.61	6.06	6.13	6.26	6.09	5.99	6.06	6.06
	信阳	5.11	5.35	5.29	5.19	5.14	5.14	5.20	5.18
	周口	5.54	5.57	5.57	5.57	5.53	5.51	5.68	5.59
	驻马店	5.47	5.71	5.72	5.61	5.58	5.60	5.70	5.64

表 8-4　河南省区域环境风险受体暴露性指数变化特征

位置	城市	2009 年	2010 年	2011 年	2012 年	2013 年	2014 年	2015 年	暴露性综合指数
北部城市	安阳	9.99	10.02	9.97	9.93	9.89	9.88	9.86	9.89
	鹤壁	9.53	9.53	9.50	9.48	9.50	9.50	9.49	9.50
	新乡	9.52	9.58	9.62	9.61	9.59	9.59	9.57	9.58
	焦作	9.84	9.77	9.68	9.62	9.60	9.58	9.54	9.59
	濮阳	11.08	11.12	11.10	11.10	11.12	11.14	11.13	11.12
	济源	6.42	6.39	6.28	6.31	6.27	6.23	6.19	6.24
中部城市	郑州	13.05	12.96	12.95	12.94	12.94	12.93	12.93	12.94
	开封	10.90	11.00	10.99	11.01	11.01	11.02	11.03	11.02
	平顶山	8.65	8.63	8.58	8.51	8.45	8.43	8.40	8.46
	许昌	12.09	12.10	12.10	12.06	12.05	12.06	12.02	12.05
	漯河	13.23	13.21	13.10	13.05	13.15	13.02	13.01	13.06

续表

位置	城市	2009 年	2010 年	2011 年	2012 年	2013 年	2014 年	2015 年	暴露性综合指数
西南部城市	洛阳	7.01	6.97	6.94	6.93	6.89	6.85	6.84	6.88
	三门峡	5.13	5.15	5.15	5.14	5.12	5.09	5.06	5.10
	南阳	7.07	7.10	7.09	7.08	7.07	7.06	7.06	7.07
东南部城市	商丘	10.40	10.49	10.49	10.48	10.47	10.48	10.49	10.48
	信阳	7.14	7.21	7.22	7.22	7.23	7.23	7.24	7.23
	周口	10.83	10.93	10.94	10.95	10.96	10.98	10.98	10.97
	驻马店	8.82	8.93	8.95	8.96	8.96	8.97	8.98	8.96

表 8-5　河南省区域环境风险受体抗逆力指数变化特征

位置	城市	环境风险受体抗逆力指数							抗逆力综合指数
		2009 年	2010 年	2011 年	2012 年	2013 年	2014 年	2015 年	
北部城市	安阳	9.20	9.38	9.37	9.85	9.56	9.47	9.26	9.43
	鹤壁	8.49	8.81	8.58	8.59	8.50	8.37	8.31	8.43
	新乡	9.65	10.02	9.75	10.26	9.93	9.84	9.75	9.86
	焦作	9.79	10.26	9.70	9.53	9.42	9.29	9.57	9.52
	濮阳	7.86	7.98	8.35	8.50	8.46	8.51	8.44	8.43
	济源	9.88	9.91	9.89	9.53	9.35	9.13	8.91	9.23
中部城市	郑州	12.67	12.49	12.43	12.42	12.42	12.41	12.39	12.42
	开封	8.25	8.46	9.87	8.72	8.63	8.68	8.68	8.73
	平顶山	9.67	9.44	9.29	9.85	9.60	9.53	9.38	9.50
	许昌	8.41	8.53	8.35	8.96	8.68	8.65	8.51	8.60
	漯河	8.11	8.00	8.01	8.24	8.20	8.17	8.14	8.15
西南部城市	洛阳	10.45	10.01	9.85	10.41	10.40	10.38	10.37	10.33
	三门峡	7.81	7.80	8.03	8.36	7.92	7.95	7.78	7.92
	南阳	8.07	8.59	9.01	9.70	9.68	9.63	9.59	9.50
东南部城市	商丘	6.55	6.70	6.75	7.73	7.82	7.77	7.77	7.63
	信阳	8.04	8.61	8.87	9.04	9.05	9.10	9.12	9.03
	周口	8.03	8.21	8.41	8.84	8.82	8.89	8.95	8.81
	驻马店	8.87	9.19	9.22	9.39	9.22	9.25	9.23	9.23

　　受环境风险源危险性、受体暴露性和抗逆力的空间分布特征的共同影响，河南省区域综合环境风险空间差异也十分明显。在综合考虑环境风险源危险性和人群、社会经济和生态环境等受体脆弱性的基础上，郑州及其周边城市群综合环境风险要明显高于其他地区。其中，郑州、漯河、许昌的环境风险综合指数较高，分别为 13.79、13.46 和 13.28；南阳、信阳、三门峡、洛阳和驻马店的环境风险综

合指数较低，分别为 4.16、4.15、5.01、5.08 和 5.48（表 8-6）。总体上，河南省综合环境风险以郑州为中心，自内向外呈辐射状降低，总体呈中部城市、北部城市、东部城市、西南部城市逐渐降低趋势。综合环境风险指数的高低反映了环境污染事件发生概率大小及后果的严重性，由于河南省中北部城市区域环境综合风险相对较高，应将其作为未来环境风险管理的重点区域。

表 8-6　基于空间差异的河南省区域环境风险指数变化特征

位置	城市	区域环境风险指数							区域环境风险综合指数
		2009 年	2010 年	2011 年	2012 年	2013 年	2014 年	2015 年	
北部城市	安阳	9.92	10.10	9.93	9.24	9.44	9.72	9.12	9.44
	鹤壁	12.03	12.01	12.41	12.29	12.57	12.40	11.35	12.00
	新乡	7.32	7.39	7.67	7.28	7.50	7.45	8.87	7.97
	焦作	11.90	11.10	11.62	11.68	11.92	11.82	10.48	11.29
	濮阳	11.41	11.47	11.12	11.08	11.22	11.31	11.20	11.23
	济源	6.62	7.04	7.06	7.35	7.43	7.66	7.19	7.33
中部城市	郑州	15.18	14.15	14.30	14.21	14.20	13.71	13.31	13.79
	开封	10.44	10.21	8.72	9.86	10.00	9.97	9.55	9.75
	平顶山	7.61	8.30	8.38	7.52	7.60	7.39	6.92	7.37
	许昌	13.48	13.29	13.81	12.60	13.26	13.21	13.40	13.28
	漯河	15.37	15.29	14.43	13.69	13.68	13.67	12.65	13.47
西南部城市	洛阳	5.09	5.53	5.73	5.40	5.29	5.05	4.75	5.08
	三门峡	4.38	5.28	5.17	4.90	5.10	5.01	4.99	5.01
	南阳	4.57	4.62	4.46	4.14	4.09	4.10	4.11	4.16
东南部城市	商丘	8.90	9.49	9.54	8.49	8.16	8.08	8.19	8.35
	信阳	4.53	4.48	4.31	4.15	4.10	4.08	4.13	4.15
	周口	7.47	7.42	7.23	6.90	6.88	6.80	6.96	6.96
	驻马店	5.44	5.56	5.56	5.36	5.42	5.44	5.54	5.48

河南省环境风险源危险性、受体脆弱性（暴露性和抗逆力综合影响）和综合风险的空间分布特征显示，环境风险源危险性、受体暴露性、受体抗逆力和综合环境风险与经济发展均存在一定的正向关系。例如，2013 年郑州、洛阳、许昌工业增加值分列全省前三位，且工业增加值分别占各市 GDP 总量的 50.5%、67.5% 和 62.0%（龚绍东等，2014），工业的发展导致环境风险源数目快速增加，危险性不断增强。经济的发展带来的能量物质流的聚集，必然导致区域环境风险受体暴露性增强。同时，经济的发展在一定程度上也提高了区域环境风险抗逆力。但是，若经济的发展未能有效推动区域风险承受能力的提升，则区域环境风险形势将不断恶化。

8.2　河南省区域环境风险综合指数等级分区

8.2.1　研究方法

为进一步分析 2009～2015 年河南省区域综合环境风险的空间分异特征,本章将采用 SPSS 软件分层聚类功能进行聚类分析,根据区域环境风险水平及反映其特征的各指标进行分类,以剖析不同评价单元的综合环境风险水平及其产生差异的原因。

8.2.2　河南省区域环境风险综合指数聚类分析

图 8-4 所示为河南省区域环境风险综合指数的聚类分析图,表明河南省市域尺度综合环境风险可聚为五类:低风险区、较低风险区、中风险区、较高风险区和高风险区。

(1) 郑州、许昌和漯河属于高风险区。该类型区域总面积为 15 101km²,约占河南省土地总面积的 9.06%。郑州作为河南省的省会城市,工业发展迅速,污染物排放量大,工业企业密度高,工业产值占总 GDP 的比重较高等因素导致其环境风险源危险性高。同时,人口密度、经济密度大,区域环境风险受体脆弱性较高,导致郑州市环境风险形势较为严峻。虽然许昌、漯河的环境风险源危险性较低,但过高的人口密度导致受体暴露性强,而且医疗卫生事业、道路交通基础设施等方面不完善,应急救援能力、应急疏散能力弱,风险受体抗逆力弱,区域环境风险水平依然很高。

(2) 焦作、濮阳、鹤壁属于较高风险区。该类型区域总面积为 10 636.1km²,约占河南省土地总面积的 6.38%。该类区域主要位于河南省北部区域,焦作和鹤壁作为河南的重要工业城市,虽然风险受体的脆弱性较低,但是环境风险源危险性非常高,导致其属于较高风险类别。虽然濮阳的环境风险源危险性较低,但是风险受体脆弱性较高,并成为其区域综合环境风险较高的主导因素。

(3) 开封、安阳属于中风险区。该类型区域总面积为 13 602km²,约占河南省土地总面积的 8.16%。该类区域主要位于高风险区和较高风险区的外围。人口密度较郑州、许昌和漯河高风险区低,且经济密度较低,风险受体暴露性较低,受体脆弱性处于中等水平,而且区域经济发展较河南中部城市较差,区域环境风险源的危险性也相对较低。

(4) 平顶山、新乡、商丘、周口、济源属于较低风险区。该类型区域总面积为 41 068km²，约占河南省土地总面积的 24.65%。该类区域主要位于中风险区的外围，属于河南省人口密度、经济密度较低的区域，同时工业发展程度较低。属于较低环境风险源危险性、较低受体脆弱性的区域。

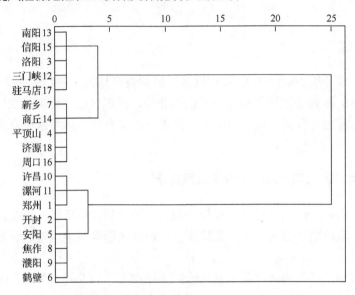

图 8-4　河南省区域环境风险综合指数的聚类分析图

（5）洛阳、三门峡、南阳、信阳、驻马店属于低风险区。该类型区域总面积为 86 185km²，约占河南省土地总面积的 51.73%。该类区域主要位于河南省西部和南部区域，人口和经济密度较低，风险受体暴露性弱、脆弱性低。同时，该类区域工业发展程度较低，环境风险源危险性也较低。该类区域多属于环境风险源危险性和受体脆弱性"双低"区域。

8.3　本章小结

依据环境风险系统理论，本章从环境风险源危险性、受体暴露性（人群、社会经济、生态环境暴露性）、受体抗逆力（个体自救、社会救援能力、应急疏散能力和社会应急管理能力等）三方面建立了市域尺度区域环境风险时空动态综合评估的指标体系，引入客观赋权法的纵—横向拉开档次法和时序加权平均算子法，引入分层聚类法实现了河南省各市级行政单元的区域环境风险时间动态评估和空间分布特征分析及等级分区，客观揭示了河南省各市级行政单元的区域综合环境风险的时空分布特征，将为各市级行政单元的减灾、防灾及产业布局和调整等提供依据。

（1）时间上，受到区域环境风险源危险性和风险受体脆弱性的综合影响，2009～2015 年河南省区域环境风险总体呈波动上升的趋势（鹤壁和三门峡除外），随着中原经济区和中原城市群的建设和推进，区域未来环境风险形势将更加严峻。

（2）空间上，在环境风险源危险性和受体脆弱性的共同作用下，河南省环境风险综合指数以郑州为中心，自内向外呈辐射状降低，总体呈中部城市、北部城市、东部城市、西南部城市逐步降低趋势。作为河南省区域环境风险较高的区域，郑州、许昌、漯河、焦作、濮阳、鹤壁等应作为河南省区域环境风险管理的重点区域。

（3）根据河南省综合环境风险空间分布特征及其主导因素的差异，应分别采取针对性的环境风险消减及管理措施，从降低环境风险源危险性和受体脆弱性的角度综合入手，实现区域环境风险的控制和管理。

基于河南省区域环境风险的时空动态变化特征分析，本章给出一些河南省区域环境风险控制的相关政策建议：

（1）依靠科技进步，不断提高环境风险控制的技术水平。进一步加大环境风险控制技术的投资，大力发展和推广应用先进的环境风险控制技术，制定并完善环境应急预案，健全环境应急指挥系统，配备应急装备和风险监测仪器，降低突发性环境污染事故发生的风险。

（2）优化产业结构。地方政府和部门应出台措施，以调结构促发展为根本出发点，培育经济新增长点，不断发展低能耗、低污染的第三产业，降低第二产业的规模和比重，特别是禁止高污染、高能耗、高风险的项目上马，加强对原有重污染产业的工艺技术革新与改造，从源头控制环境风险。

（3）加强产业布局优化。河南省综合环境风险分区研究表明，河南省综合环境风险以郑州为中心，自内向外辐射状降低。为了控制以郑州、许昌和漯河等高风险区风险形势进一步恶化，应积极促进现有产业结构的升级和调整，提高环境准入门槛，控制风险负荷大、经济附加值低的产业转移到区域内，鼓励低风险产业入区。同时，洛阳、三门峡、南阳、信阳、驻马店等低风险区域可作为高风险区的产业转移和省内产业重新布局优化的重点目标。

（4）不断加大环境污染治理投资，落实环境污染治理政策。落实新建项目的同步设计、同时施工、同时投产使用的"三同时"环保投资，防止出现新的重大污染源；开展老旧企业技术改造，建设相应的空气、水体、土壤等污染物治理设施，加强城市污水、生活垃圾、粪便处理处置设施投资，使污染物浓度和总量达标排放。

（5）加强监控、监督、监管。地方政府应加强监管监控，完善环境污染事件防控的政策制度，特别是加强偷排、漏排等环境违法行为造成环境污染事故的惩处。

（6）加强区域的合作。由于环境污染事件往往造成跨行政区（省、市、县）的跨界污染问题，并且事故应急响应涉及环保、水利、公安、消防、安监等多个部门，因此，建立跨区、跨部门的合作与联动机制是跨界环境污染事故有效应对的关键。

（7）建立区域统一协调的应急救援物资储备中心。事故发生后，应急物资的供应是较为突出的问题。因此，应建立区域统一协调调度的应急救援物资储备中心。储备点选址应充分考虑交通便利性，同时也应考虑将储备中心尽可能向郑州、许昌和漯河等高风险区靠近。建立具有一定辐射半径的综合性应急救援物资储备中心，开展区域内应急救援物资装备信息的收集、登记和建档，负责河南省应急救援物资的管理，建立河南省应急救援物资数据库，负责应急救援物资的统一调度和使用。

参 考 文 献

龚绍东，越西三，林凤霞，2014. 河南工业发展报告（2014）[M]. 北京：社会科学文献出版社.

李艳萍，乔琦，柴发合，等，2014. 基于层次分析法的工业园区环境风险评价指标权重分析[J]. 环境科学研究，27（3）：334-340.

曲常胜，毕军，黄蕾，等，2010. 我国区域环境风险动态综合评价研究[J]. 北京大学学报（自然科学版），46（3）：477-482.

王肖惠，陈爽，秦海旭，等，2016. 基于事故风险源的城市环境风险分区研究：以南京市为例[J]. 长江流域资源与环境，25（3）：453-461.

薛鹏丽，曾维华，2011. 上海市环境污染事故风险受体脆弱性评价[J]. 环境科学学报，31（11）：2556-2561.

杨洁，毕军，李其亮，等，2006. 区域环境风险区划理论与方法研究[J]. 环境科学研究，19（4）：132-137.

曾维华，宋永会，姚新，等，2013. 多尺度突发环境污染事故风险区划[M]. 北京：科学出版社.

第 9 章 河南省区域环境风险差异化管理策略分析

区域尺度环境风险源、风险受体、风险传播的空间特性，导致区域环境风险呈现很强的空间差异性。因此有必要对区域环境风险划分等级，结合区域经济发展实际需求，实现"差异化"管理。由于区域环境风险受到风险因子释放、转运与风险受体暴露及受损等环境风险子系统的综合作用。因此，迫切需要一个能综合考虑区域环境风险系统的综合评价模型（邢永健等，2016），还能根据评价结果直接指导区域环境风险管理的整套方法。

本书提出了"风险评价—等级分区—差异化管理"的区域环境风险管理思路：风险评价借鉴现有环境风险系统理论，从环境风险源危险性、受体脆弱性两方面构建区域环境风险综合评估指标体系，引入管理学领域的纵—横向拉开档次法与时序加权平均算子法构建区域环境风险量化模型，实现各因子的客观赋权，减少人为主观性；等级分区采用分层聚类法，结合风险评价结果，将区域划分为五类风险等级区；差异化管理遵循高风险区"重点控制、优先管理"、中低风险区"逐步控制、加强防范"的原则，根据风险主导因素提出针对性的解决方案。"风险评价—等级分区—差异化管理"的方法不仅可定量评估区域环境风险的空间变化特征，更为区域环境风险的控制和管理提供了定量决策依据。

9.1 区域环境风险评估、风险分区与风险管理的关系

近年来，我国区域发展过程中，工业化、城市化水平大幅提升，经济高速增长，但同时资源环境状况日趋恶化（邹辉等，2016）。在严峻的环境安全形势下，环境保护的理念已经从"末端治理"向"源头控制"转变，环境风险管理也从传统的环境事故被动应急模式向事前防范、事中应对、事后恢复的全过程应急管理模式转变（刘一帆，2017）。《国务院关于印发"十三五"生态环境保护规划的通知》（国发〔2016〕65号）中明确提出"加强风险评估与源头控制""开展环境与健康调查""监测和风险评估""严格环境风险预警管理""强化突发环境事件应急处置管理""加强风险防控基础能力"的环境风险的全过程应急管理基本要求。

由于我国经济发展模式的限制，结构型、布局型环境风险短期内彻底改变存

在较大难度（曾维华等，2013），且环境风险源、风险受体、风险传播的空间特性导致区域环境风险呈现很强的空间差异性。因此，开展区域环境风险评价，划分环境风险等级与分区，结合区域社会经济发展实际，实现区域环境风险差异化管理具重要现实意义。一般而言，环境风险必须包括以下因素，存在诱发环境风险的因子，即环境风险源；在环境风险因子影响范围内的人类、社会价值物、生态环境等环境敏感目标的暴露性和抗逆力，即环境风险受体脆弱性。因此，区域环境风险管理必须基于区域环境风险评估与分区，从环境风险源的危险性、环境风险受体的暴露性、受体抗逆力三个方面入手，从事前预防、事中响应和事后恢复的应急管理的三个阶段建立环境风险全过程管理体系。同时，以环境风险最小化为总目标，根据区域环境风险空间分布差异及等级分区，准确把握分区单元的环境风险主控因子，分类指导各分区单元的风险管理，提出具有针对性的管理措施，依从区域社会-经济-环境系统协调发展思想，在充分考虑区域经济发展实际需求的情况下，实现区域环境风险差异化管理（图9-1）。

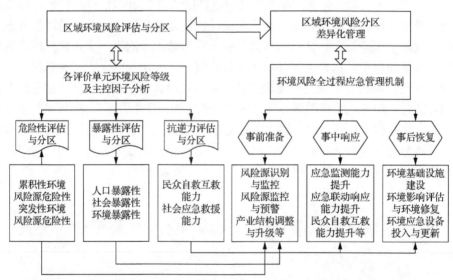

图 9-1　区域环境风险评估、分区与区域环境风险分区差异化管理的关系

9.2　区域环境风险差异化管理的全过程应急管理机制

　　根据环境风险事件形成的因果关系，环境风险全过程应急管理过程可分为事前预防、事中响应和事后恢复三个阶段。其中，事前预防主要针对区域环境风险源的危险性进行控制和管理：一方面，要对区域环境风险源可能转化为环境污染

事件的各个环节进行控制；另一方面，要从源头上协调环境风险源与环境风险受体的关系，进行区域环境安全规划，降低区域环境风险受体的暴露性。事中响应主要对环境风险因子释放形成环境污染事件以后第一时间开展应急处置，最大限度地降低人员伤亡、财产损失及环境破坏，尽可能降低环境污染事件形成后产生的不利影响。事后恢复重点在于对环境污染事件发生后造成的影响进行环境治理和修复，并通过分析总结，不断完善应急管理体系，具体措施可从以下方面进行考虑。

1. 环境风险源的识别与管理

积极推进区域环境风险源识别工作，重点加强化工、石化、危险化学品仓库等重点行业企业的环境风险源检查、排查、监督，建立环境风险源档案。同时，开展环境风险源危险性预警评估机制，根据建立的环境风险源档案情况，分析研判特定时期内环境风险源特点、可能存在的危害程度、环境事件发生的概率等，提出预警措施（洪燕峰等，1999）。

2. 环境风险源的监控与预警

按照"早发现、早报告、早处理"的原则，加强日常环境监测，开展环境信息、常规环境监测数据、辐射监测数据的综合分析和风险评估工作，及时掌握重点风险区域、敏感区域（人群聚集区、生态敏感区等）的环境变化。对于处于社会经济和生态环境敏感区的环境风险源，如处在居民点、水源保护区、自然保护区、商业区的危险化学品仓库、加油站、液化气站等，要增强环境风险源监控的强度和密度，全面监控区域环境风险源的动态变化，及时发现危险信号，及时发出预警。建立微观与宏观融合、质量与通量并举、手动与自动互补的区域环境质量、通量和风险监控"三位一体"的预警监测网络（计红等，2011）。加强重点流域水质监测，掌握 24h 水质情况（刘一帆，2017；广东省人民政府办公厅，2017）。加强空气质量预报预警能力建设，构建大气风险评估和预警技术体系，提升有毒有害气体预警能力，为大气环境污染事件的应急防控提供必要的技术支持（张艳军等，2014）。设置土壤环境监测基础点位和风险点位，构建区域土壤环境质量监测网络体系，提升土壤环境质量监测预警能力。通过大气、水体和土壤质量监测预警体系，切实掌握区域环境质量状况和动态变化趋势，实现源头防治统一监管、过程监管全防全控、末端监控防范风险的目标。

3. 区域风险受体脆弱性调节

以保护人群及主要环境敏感目标安全为出发点，以区域环境风险"最小化"为目标，优化区域产业结构、布局与选址，从源头上协调环境风险源和环境风险受体的关系。首先，通过环境风险源的分散措施将某重大环境风险源分解成多个较小的环境风险源，从而降低区域整体环境风险。其次，在区域发展规划内严格控制重型、污染型工业的发展，对于具有重大环境危险源的企业或者工业园区，应考虑厂址搬迁或产业转移。再次，对新建含有环境风险源的企业，要依据区域环境风险敏感目标的具体分布特征，对企业选址提出合理规划和安排。最后，从保护人群和主要环境敏感目标安全的角度出发，合理确定不同工业活动或设施与居民住宅、公共活动区域的安全防护距离，降低风险受体的暴露性。通过增加环境风险受体的抗逆力降低环境风险受体的脆弱性水平。例如，对于人群密集的区域，通过环境污染风险的应急宣传和教育，增强人们环境风险意识，提高民众自救互救能力，并在有条件的情况下，加强民众应对突发性环境污染事故的应急演练（曾维华等，2013）。

4. 环境风险应急管理体制与机制建设

为提高区域环境风险应急处置能力，政府及其有关部门应加强应急预案、应急体制、应急机制建设，要加强专业应急救援队伍、应急物资储备和避难场所、应急专家库和环境突发事件典型案例库建设，以保障环境污染事件发生后应急处置所需的应急救援能力。针对我国缺少明确的应急响应指挥体系制定规范，突发事件应急响应组织机构的设置更是来源于个人经验，缺少相关规范性文件和理论依据，导致应急响应组织机构设置差异较大（刘铁忠等，2006）的问题，应着重加强区域环境应急管理机构建设。例如，杨小林等（2014a）根据动态条件下的组织设计理论、应急响应组织框架和美国突发事件应急指挥系统（incident command system，ICS）系统，提出了一种突发事件应急响应组织机构的架设方式和方法（图9-2），并提出了突发事件应急响应组织机构的运行机制，也为我国环境污染事故应急响应组织机构的架设提供了理论探索。

5. 环境污染事件应急监测能力提升

环境污染事件（特别是累积性环境污染事件）发生往往造成大尺度区域范围的影响，须要实现跨区域的应急联动响应。环境污染事件的应急监测具有监测目标复杂、监测周期长、范围广等特点，特别是突发性环境污染事故监测现场危险性强且可能发生不确定的次生事故等特点，往往要求快速出具准确性高和有代表性的环境监测报告（贺晶，2012；徐晓力等，2011）。因此，环保部门应加强区域环境监测站点的建设，实现污染物释放或排放的实时监测。企业也应该建立相应的监测体系，特别是突发性环境污染事故发生后能够立即组织环境应急监测人员前往事故现场，在尽可能短的时间内，使用便携、简单实用的设备和仪器及时准确地检测出污染物的种类和浓度，并准确预估污染物的扩散范围和危害，并能够及时、正确地对事故进行处置（陈红霞等，2017）。

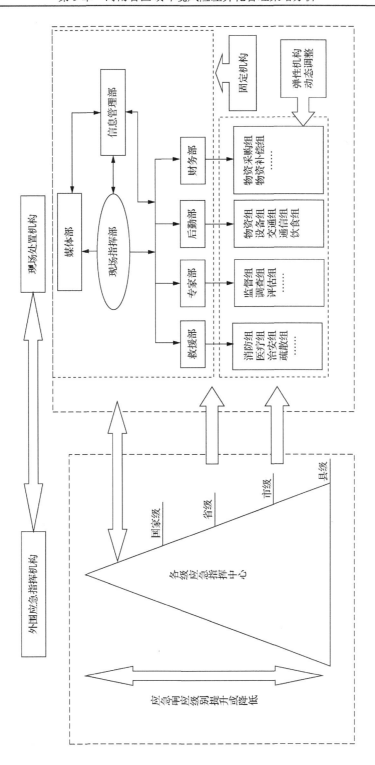

图 9-2　突发事件应急响应组织机构设置与运行机制

6. 区域环境应急联动机制建设

环境污染事件具有污染类型多样、污染易扩散等特点（焦涛等，2016），易造成跨行政区（省、市、县）的污染问题，加之事故应急响应涉及环保、水利、公安、消防、安监等多个部门（覃超梅等，2011），因此，跨区、跨部门的协调与联动是跨界环境污染事件有效处置应对的关键（郭英华等，2013）。例如，杨小林等（2014b）在系统分析长江流域跨界水污染事故应急响应组织体系和机制存在问题的基础上，提出长江流域跨界水污染事故应急联动组织体系和联动机制的构建方法，认为要实现长江流域跨界水污染事故的应急联动响应，应建立基于流域应急指挥中心、地方应急指挥中心和专业应急联动部门三个层次的应急联动组织体系（图9-3），并建立超越行政区划的跨区域信息沟通机制、协同处置机制和奖惩机制等应急联动机制（图9-4），提高跨行政区、跨部门应急处置的快速响应能力和相关地区、部门快速联合行动的能力。

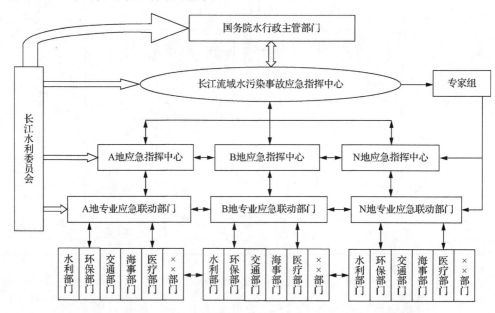

图 9-3　长江流域跨界水污染事故应急处置联动组织机构运行模式

7. 环境污染事件事后评估与环境修复

消除环境污染造成的社会影响、环境影响，开展环境污染事件事后评估和环境修复工作是环境风险应急全过程管理的最后一个环节。环境污染事后评估是评价污染事件造成的污染和危害程度，提出环境污染赔偿方案，预测污染事件造成的中长期影响，并提出相应的污染减缓措施和环境保护方案，特别是加强未来环境基础设施建设资金投入等方面。环境修复是针对环境事件对生态系统造成的破坏和影响，制定环境修复和生态补偿方案，开展环境污染治理设施建设，保障环境质量的达标。

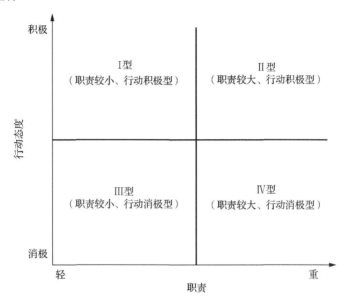

图 9-4　环境污染事件应急联动奖惩机制象限图

9.3　区域环境风险差异化管理方案设计

9.3.1　区域环境风险差异化管理总体设计思路

全过程管理策略和优先管理策略是目前区域环境风险管理的主要方法，但是二者不足之处也严重影响了风险管理的效果和效率。因此，本节在深入分析和总结二者优缺点的基础上，提出了区域环境风险管理差异化管理方案。

区域环境风险差异化管理思路是依据风险评价结果划分风险等级区域，根据风险等级差异及其主导因素不同，提出针对性管理方案，实现区域环境风险的差异化管理。

（1）主要管理对策。采用环境风险源排查、监控与预警措施、产业转移与结构升级调整措施、应急管理体系建设措施等降低区域环境风险源危险性和区域环境风险受体脆弱性。

（2）指导思想。遵循"重点控制、优先管理"与"逐步控制、加强防范"相结合的原则，高风险区和较高风险区实行重点控制、优先管理，资源投入优先、时间靠前，根据风险主导因素，有针对性地提出环境风险源危险性控制措施和受体脆弱性减缓措施，最大限度地降低区域环境风险；结合区域经济发展目标，中低风险区实行重点环境风险源逐步控制、防范为主的策略，加强区域应急管理体系建设。

（3）风险控制等级划分。综合考虑区域发展、生态环境安全及现有资源状况，依据"重点控制、优先管理"与"逐步控制、加强防范"相结合的原则，将目标区域划分为重点控制区、一般控制区和事故防范区三种风险控制等级。其中，高风险区和较高风险区作为重点控制区"重点管理、优先控制"，中低风险区分别作为一般控制区和事故防范区可"逐步控制、防范为主"。区域环境风险控制等级的划分标准见表 9-1。

表 9-1　区域环境风险控制等级的划分标准

风险区	风险控制等级	控制优先等级
高风险区	重点控制区	重点管理、优先控制
较高风险区	重点控制区	重点管理、优先控制
中风险区	一般控制区	逐步控制
较低风险区	事故防范区	防范为主
低风险区	事故防范区	防范为主

9.3.2　区域环境风险差异化管理方案设计

区域环境风险差异化管理是根据不同区域环境风险的主导因素，提出有针对性的控制措施。对环境风险源危险性高的区域，应从产业结构调整与升级、企业环境风险源排查和监控、危险品生产和储运过程的安全管理等方面降低环境风险源危险性。对脆弱性高的区域，应重点加强基础设施建设和应急管理体系建设，强化公众风险意识，提高整个社会的风险承受能力。对综合风险高的区域，发展规划中不宜布局新的重型、污染型工业，对已有布局，应考虑厂址搬迁或产业转移。同时，在土地利用规划中应加强防灾减灾措施规划，如强化应急避难场所、应急物资储备场所、医院、消防等公共服务机构的建设等，提高风险受体的抗逆力。

综上所述，本节针对区域环境风险管理提出四种方案，以供选择。

1. 方案一：高危险高脆弱区域环境风险管理方案

高危险高脆弱区域往往工业发达且重工业比重较高，环境风险源密集，人口集中，经济密度高，能量和物质流动频繁。该类区域，首先，应加强现有环境风险源的识别、排查、监控与预警，特别是居民区、水源保护地、商业区等敏感目标周边危险化学品仓库、油库、工厂等重大环境危险源，强化环境风险源的监控，全面掌握环境风险源动态变化，若发现危险信号，及时发布预警；其次，加强产业结构调整、升级与转移，降低高风险、高污染的重工业比重，降低环境污染事故发生概率，减少累积性环境污染物排放量；最后，完善土地利用防灾减灾规划，加强环境污染事故预警体系、信息发布网络体系和应急疏散方案建设，制定多级别的应急预案体系，提高区域环境应急能力。

2. 方案二：高危险低脆弱区域环境风险管理方案

高危险低脆弱区域往往经济相对发达，重工业比重较大，环境风险源密度高，但人口密度、重要生态景观密度较低，脆弱性较低。该类区域在短期产业优化调整的措施主要是促进现有工业企业技术和工艺升级，着重加强安全生产管理和清洁生产。同时严格限制新危险源的增加，加强现有重大危险源监控与预警，降低危险源的潜在威胁。从长远看，区域发展势必带来人口、物质和能量聚集，低脆弱性可能是短期存在，防灾减灾规划中应尽可能结合区域发展目标制定远景规划，在相关条件允许的情况下，尽可能完善区域应急管理体系。

3. 方案三：低危险高脆弱区域环境风险管理方案

低危险高脆弱区域多是工业欠发达，但人口密集、生态环境脆弱的区域。该类区域应加强现有工业企业的环境风险源排查、监控与预警，降低环境污染事故发生概率，在区域发展规划过程中，积极提高环境准入门槛，严控风险负荷大、经济附加值低的产业转移至区域内，鼓励低风险产业入区，特别可将绿色产业作为未来产业发展主方向。虽然该类区域危险性较低，但区域环境脆弱，一旦发生环境污染事故，损失和影响将十分严重。因此，要特别加强环境基础设施建设和应急管理体系建设，着力提升社会风险抗逆力，降低受体脆弱性。

4. 方案四：低危险低脆弱区域环境风险管理方案

低危险、低脆弱区域往往工业不发达，人口和经济密度也较低，生态环境较好。该类区域可作为周边高风险区域风险行业选址和产业转移的目标区域。考虑到产业转移势必导致区域环境风险源增多，因此要切实做好环境风险源的监控与管理，防止风险向环境污染事件转化，同时完善区域应急管理体系，特别是该类区域往往地广人稀，信息传播困难，要重点加强信息发布渠道、应急预案体系建设。

9.4　河南省区域环境风险差异化管理方案选择

区域环境风险差异化管理的根本是通过环境风险评价确定区域环境风险管理的重点区域，从环境风险源危险性、风险受体暴露性、风险受体抗逆力等方面确定影响区域环境风险的主要贡献因子，并采取有针对性的环境风险源危险性控制措施、风险受体暴露性控制措施、风险受体抗逆力提升措施，最终达到风险控制和管理的目的。

本节采用 SPSS19.0 软件分层聚类功能，根据各评价单元的环境风险源危险性、受体脆弱性及风险水平及反映其特征的各指标情况进行自动聚类，将河南省各市域单元区域环境风险源危险性、受体脆弱性和综合环境风险分别聚为五类等级区（表9-2～表 9-4）。其中，郑州、许昌和漯河属于高风险区，郑州属于高危险、中等脆弱地区，漯河和许昌属于脆弱性和危险性均较高的区域；焦作、鹤壁和濮阳属于较高风险区，焦作和鹤壁属于环境风险源危险性较高、受体脆弱性相对较低的区域，濮阳属于脆弱性较高、危险性较低的区域，风险主导因素不同；安阳、开封属于中风险区，安阳的环境风险源危险性和受体脆弱性等级均为中等，开封属于脆弱性较高、危险性较低的区域；平顶山、商丘、周口、新乡和济源属于较低风险区，周口和商丘属于低危险性、较高脆弱性区域，而济源属于属较高危险性、低脆弱性区域，平顶山、新乡的环境风险源危险性和受体脆弱性均较低；洛阳、三门峡、南阳、信阳和驻马店属于低风险区，是危险性和脆弱性"双低"区域。

表 9-2　河南省区域环境风险源危险性分区

等级分区	城市
高危险区	郑州
较高危险区	鹤壁、焦作、济源
中等危险区	安阳、许昌
较低危险区	开封、洛阳、平顶山、新乡、濮阳、漯河、三门峡
低危险区	南阳、商丘、信阳、周口、驻马店

表 9-3　河南省区域环境风险受体脆弱性分区

等级分区	城市
高脆弱性区	漯河
较高脆弱性区	开封、濮阳、许昌、商丘、周口
中等脆弱性区	郑州、安阳、鹤壁
较低脆弱性区	平顶山、新乡、焦作、驻马店
低脆弱性区	洛阳、三门峡、南阳、信阳、济源

表 9-4　河南省综合环境风险分区

等级分区	城市
高风险区	郑州、许昌、漯河
较高风险区	鹤壁、焦作、濮阳

续表

等级分区	城市
中等风险区	开封、安阳
较低风险区	平顶山、新乡、商丘、周口、济源
低风险区	洛阳、三门峡、南阳、信阳、驻马店

根据河南省综合环境风险分区及其环境风险源危险性水平、受体脆弱性等特点，本章对河南省各市域单元区域环境风险差异化管理提出的对策见表 9-5。

表 9-5　河南省各市域单元区域环境风险差异化管理对策

市域单元	风险分区	控制等级	风险主导因素	可选对策	重点措施
郑州、许昌	高风险区	重点控制区	危险性、脆弱性的影响均较明显	方案一	加强环境风险源识别、监控与管理、产业结构升级转型和产业转移等以降低环境风险源危险性，加强基础设施建设和应急体系建设，降低社会脆弱性
漯河	高风险区	重点控制区	危险性较低、脆弱性高	方案三	首先应强调防灾减灾规划的科学性、合理性，强化公共服务设施和人才队伍建设，突出城市应急能力建设，降低受体脆弱性。虽然环境风险源危险性较低，但是若发生事故，将造成严重影响，所以也要切实做好环境风险源的监控和管理，防止污染事故的发生
焦作、鹤壁	较高风险区	重点控制区	危险性较高、脆弱性较低	方案二	以降低环境风险源危险性为主要手段，以现有环境风险源监控和管理、产业升级转型、绿色产业发展为主要措施
濮阳	较高风险区	重点控制区	危险性较低、脆弱性较高	方案三	该区域风险主导因素与漯河市类似
安阳	中风险区	一般控制区	危险性中等、脆弱性中等	方案一	该区域环境风险源危险性和受体脆弱性均处于中等水平，需要加强现有环境风险源的监控和管理、产业结构升级，严格限制新的重大环境风险源增加，同时加强城市应急能力建设，降低受体脆弱性
开封	中风险区	一般控制区	危险性较低、脆弱性较高	方案三	主要措施同濮阳、漯河类似，以提高风险受体抗逆力为主
平顶山、新乡	较低风险区	事故防范区	危险性较低、脆弱性较低	方案四	结合区域发展状况，可接受少量风险行业和企业，亦可作为周边高风险区的产业转移目标区域，但必须做好环境风险源的监控和管理，加强企业清洁生产和安全管理，同时要切实做好城市基础设施建设和应急体系建设
济源	较低风险区	事故防范区	危险性较高、脆弱性低	方案二	主要措施同焦作相似，但其脆弱性低于焦作、濮阳等地。因此，结合区域发展实际需求，要做好现有环境风险源监控和管理，同时可在一定程度上引进和接受轻污染、低风险的工业企业入区
商丘、周口	较低风险区	事故防范区	危险性低、脆弱性较高	方案三	主要措施同漯河类似

续表

市域单元	风险分区	控制等级	风险主导因素	可选对策	重点措施
信阳、南阳、洛阳、三门峡、驻马店	低风险区	事故防范区	危险性、脆弱性均低	方案四	主要措施与平顶山、新乡类似。由于环境风险源危险性和受体脆弱性总体较平顶山和新乡更低，因此可作为区域产业转移的首选区域，但也必须加强环境风险源监控和管理、城市应急能力建设等

9.5　本　章　小　结

（1）本章提出了"风险评价—等级分区—差异化管理"的区域环境风险管理思路，依据"重点控制、优先管理"与"逐步控制、加强防范"相结合的原则，结合风险评价与等级划分，划定重点控制区、一般控制区和事故防范区三种风险控制等级区，通过逐层递进的方法确定不同管理区应采取的差异化管理策略。该方法不仅为区域环境风险重点控制区域的识别提供了工具，还为区域环境风险差异化管理，以及城市防灾减灾规划、产业布局和结构调整等提供依据。

（2）本章确定了河南省未来环境风险管理的主要目标及其可采取的差异化管理方案，可为其他类似区域环境风险差异化管理提供案例参考。

（3）河南省区域综合环境风险及其主导因素空间差异明显，其中郑州、许昌、漯河、焦作、鹤壁和濮阳等城市应作为河南省区域环境风险控制管理的重点区域，并根据各城市环境风险主导因素的差异从产业重新布局、产业结构调整与升级、区域环境防灾减灾规划等方面采取针对性控制措施，降低区域环境风险源危险性和风险受体脆弱性水平，实现区域环境风险的差异化管理。

参　考　文　献

陈红霞，秦继华，付丽洋，等，2017. 江苏省化工园区环境风险及应急管理研究[J]. 安全与环境工程，24（5）：100-104.

广东省人民政府办公厅，2017. 关于印发广东省生态环境监测网络建设实施方案的通知[R]. 广州：广东省人民政府.

郭英华，朱英，2013. 美国突发性水污染事故应急处理机制对我国的启示[J]. 水利经济，31（1）：43-47.

贺晶，2012. 浅谈环境应急监测质量管理体系的建设[J]. 安全与环境工程，19（1）：51-53.

洪燕峰，刘凡，窦燕生，等，1999. 环境风险预警评估方法研究[J]. 重庆环境科学，21（2）：18-20.

计红，韩龙喜，刘军英，等，2011. 水质预警研究发展探讨[J]. 水资源保护，27（5）：39-42.

焦涛，刘萌斐，赵永刚，2016. 区域突发环境风险评估与管理：以泰州医药高新区为例[J]. 环境科技，29（5）：68-72.

刘铁忠，李志祥，张剑军，2006. 突发事件现场指挥机构比较研究[J]. 生产力研究（11）：130-132.

刘一帆，2017. 环境应急全过程管理机制探讨[J]. 绿色科技（14）：143-145.

覃超梅，郭振仁，邓雄，等，2011. 我国应对异地发生的重大环境污染事件的协调处置机制研究[J]. 工业安全与环保，37（1）：1-3.

邢永健，王旭，可欣，等，2016. 基于风险场的区域突发性环境风险评价方法研究[J]. 中国环境科学，36（4）：1268-1274.

徐晓力，徐田园，2011. 突发事故水环境污染应急监测系统建立及运行[J]. 中国环境监测，27（3）：1-3.

杨小林，陈志超，李义玲，2014a. 非常规突发事件现场处置机构构建及其运行机制分析[J]. 河南理工大学学报（社会科学版），15（2）：131-135，152.

杨小林，李义玲，2014b. 长江流域跨界水污染事故应急响应联动机制[J]. 水资源保护，30（2）：78-91.

曾维华，宋永会，姚新，等，2013. 多尺度突发环境污染事故风险区划[M]. 北京：科学出版社.

张艳军，余游，罗庆俊，2014. 化工园区大气环境风险评估与预警平台设计研究[J]. 四川环境，33（5）：77-81.

邹辉，段学军，赵海霞，等，2016. 长三角地区污染密集型产业空间演变及其对污染排放格局的影响[J]. 中国科学院大学学报，33（5）：703-710.

第 10 章　基于情景分析的河南省区域环境风险防控战略预测分析

"情景" 的概念最早出现于 1967 年 Kahn 和 Wiener 合著的 *The Year 2000*（《*2000 年*》）一书中，两位作者认为"未来是多样的，几种潜在的结果都有可能在未来实现；通向这种或那种未来结果的途径也不是唯一的，对可能出现的未来及实现这种未来的途径描述构成一个情景"。目前，关于"情景" 的定义有很多，如宗蓓华（1994）认为情景是对事件未来可能出现的状态及通向这一状态途径的描述，由状态情景和路径情景组成，状态情景是描述事件及其环境未来的状态，路径情景则是描述实现这一状态的途径；刘俏（2013）认为情景是事物所有可能的未来发展态势的描述，描述的内容既包括对各种态势基本特征的定性和定量描述，又包括对各种态势发生可能性的描述；高寒（1991）认为情景是对世界可能的未来状态进行的连贯、内部协调一致、可信的描述，每个情景都是对未来如何展开的影像。总体而言，情景描述的内容主要包括未来多种可能的情境和状态，同时也包括导致这些未来情境和状态产生和出现的可能途径（孙建军等，2007）。

情景与预测、希望或者愿景具有相关性，但又具有明显差异。预测往往是对更加确定性的事物做出的判断，预测的结果一般是单一的，并且预测时间跨度较短；希望（愿景）多是针对未知的事物，甚至是主观上的构想，时间跨度一般较长；而情景是根据现有对象的某种状态预测未来状态发展的一系列事实和未来状态的描述，包含事物由初始状态向未来某种状态发展的途径，其是多维的，主要针对未来不确定的事物。预测、情景和希望（愿景）之间的关系如图 10-1 所示。

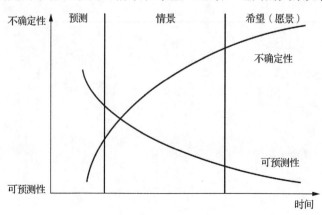

图 10-1　预测、情景和希望（愿景）的关系

1. 情景分析法的概述

情景分析法又称情景描述、未来场景术等，是 20 世纪 40 年代国外发展起来的一种战略分析和预测方法。它是在对经济、产业或技术的重大演变提出各种关键假设的基础上，通过详细、严密的推理描述来构想未来各种可能的方案（曾忠禄等，2005）。目前，关于情景分析的定义也很多。例如，岳珍等（2006）认为情景分析是对导致系统向未来发展一系列事件和未来发展趋势的描述及分析，结果包含未来可能发展态势的确认、各态势的特性，以及发生可能性描述，各态势的发展路径分析三部分内容。赵珂等（2004）认为情景分析法是根据发展趋势的多样性，通过对系统内外相关问题的系统分析，设计出多种可能的未来前景，然后对系统发展态势做出自始至终的情景与画面的描述。目前关于情景分析的描述形式虽有不同，但其本质是相同的，即情景分析法是描述和分析未来发展路径的一种定性与定量相结合的方法。情景分析法试图尽可能展示可能发生的情景状态，以促使预测结果的使用方对现有或者潜在的趋势及其相互影响有所准备（包昌火等，2006）。

2. 情景分析法的分类

情景分析法一般可分为定性情景分析与定量情景分析、前推式情景分析与回溯式情景分析、基准情景分析与可选择情景分析等。

1）定性情景分析与定量情景分析

（1）定性情景分析是利用可视化的图表、照片等表示，用文字、关键词、大纲和情景故事描述的分析方法。该方法最大的优势在于容易理解，可以表达较为复杂的内容；不利之处在于主观性强，不够严谨，缺少定量化和数字化信息。

（2）定量情景分析是利用数字化的定量信息，采用模型进行模拟计算的分析方法。该方法的优势在于基于模型计算获取的定量结果，客观性比较强，论证结果比较严谨；不利之处在于模型难以完全对复杂现实世界进行精确模拟，模拟分析结果不确定性较强。定性情景分析与定量情景分析的区别和联系如图 10-2 所示。

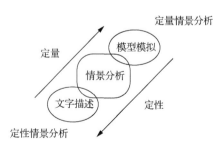

图 10-2　定性情景分析与定量情景分析的区别和联系

2）前推式情景分析与回溯式情景分析

（1）前推式情景分析是基于过去和目前的状态推导出未来相关情景，然后依据"被"固定的情景分析可选择的未来，如图 10-3 所示。前推式情景是基于一定数量的关键驱动力的延伸，向未来看和概括未来的可能性。该方法是以目前的状态和可能的未来路径作为开始，分析推导出未来的最终状态。

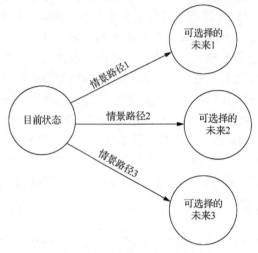

图 10-3　前推式情景分析

（2）回溯式情景分析是依据已经选择的未来分析情景，在这一过程中，可选择未来被固定，分析探究如何到达未来的已"被固定"情景，分析考虑到达一个清晰的未来状态的路径，如图 10-4 所示。该方法是以目前的状态和结束状态作为开始，分析推导出可能的未来情景路径。虽然前推式情景分析法与回溯式情景分析法属于两种不同的情景分析方法，但是在情景分析的研究中，两种方法往往相结合使用。

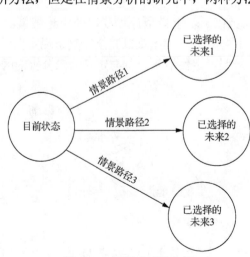

图 10-4　回溯式情景分析

　　3）基准情景分析与可选择情景分析

　　（1）基准情景分析是根据目前的状态及发展趋势，在不施加外力的作用下未来可能产生情景的分析方法。基准情景是评价可选择性情景或者冲击影响的一个基准。在一个项目构建情景时，除了基准情景外，也要选择最有可能的变差、变优、反常情景，从而保障情景的多样性和创新性。

　　（2）可选择情景分析是在情景分析过程中，构建多个不同情景的分析方法，这些可选择的情景均是有可能实现的。

　　情景分析法的价值在于它能使决策者了解环境不确定因素和未来变化的某些趋势，并避免决策失误，即避免过高或过低估计未来的变化，使主体对一个事件做好充分准备，并采取积极的行动（赵珂等，2004），它也能使决策者对时间跨度比较大的不确定事物的可能发展态势有一个明确的认识。

　　3. 情景分析法的功能

　　情景分析法的功能在于通过识别不确定因素、关键驱动力量和未来的可能性，改变管理者和决策者的心智模式，使其实现辅助战略选择，识别预警信号，采取有效措施积极促进和应对未来（刘俏，2013）。第一，情景分析提供给决策者们不同的未来展望，以提高决策者们对未知事物的发掘，帮助人们克服内在的感知迟钝；第二，情景分析向决策者们展示未来发展趋势，并实现战略选择的结果，由此人为地缩短反馈延迟，加速组织学习的进度；第三，情景分析法能有效地处理管理团队间的高度一致和高度分歧两种情况，避免组织中盛行群体思想或个人意见分歧（于红霞等，2006）。

　　4. 情景分析法的应用

　　情景分析法是战略研究和规划研究领域的重要研究工具，它是通过构建假设情景来实现对某问题的分析，可以对具有合理性及不确定性的事件在未来某时段内可能的发展态势进行设定和描述，预测不确定性产生的不同情景对应的结果，并加以比较，即假设一定的情景，分析该可能性给研究对象带来的未来影响（张亚欣等，2011）。

　　目前，情景分析已广泛用于能源、交通、节能减排、自然灾害、土地利用、气候变化、污染物排放和水污染控制规划等方面（盛虎等，2012；张颖等，2007）。赵思健（2013）运用情景分析法尝试构建普适性的自然灾害风险差异多维表达，提出灾害风险时空差异评估技术模型；田金平等（2013）运用情景分析法研究了浙江沿海地区经济发展方式对环境产生的压力；吉木色等（2013）以北京市为例，利用情景预测法评估了 2011～2020 年各项控制措施对城市机动车常规污染物（如一氧化碳、氮氧化物、PM_{10}）的削减效果；方精云等（2009）运用情景分析法，通过设置四种不同的碳排放情景，对"八国集团"2009 意大利峰会减排目标的内涵及其科学性、公正性和可行性进行了分析。

区域环境风险发生机理复杂，不确定性强，难以实现未来情况的准确预测，因此，情景分析为区域环境风险的预测和管理提供了一种切实可行的理论方法。但是，目前基于情景分析的区域环境风险控制研究较少。本章运用情景分析法，以河南省为研究对象，根据中原经济区及河南省社会发展规划并结合相关节能减排和环保要求，构建区域环境风险情景分析模型，研究分析不同的社会发展情景下河南省区域环境风险变化趋势，以期为如何改变发展模式、提高区域环境风险控制与防御能力、优化环境治理措施提供决策参考，在保障经济发展的同时，不断改善区域环境风险状况。

10.1　研　究　方　法

10.1.1　区域环境风险的情景分析对象与情景设置

1. 情景分析对象

本章以河南省为研究对象，分析不同情景下河南省区域环境风险变化趋势。随着经济的迅速发展，近年来河南省突发性环境污染事故频发，空气污染、地表水污染形势十分严峻。2011 年，《国务院关于支持河南省加快建设中原经济区的指导意见》（国发〔2011〕32 号）的颁布实施，标志着中原经济区建设上升为国家发展战略。因此，加强中原经济区的河南省区域环境风险动态预测和风险控制战略研究，对于开展河南省区域环境风险管理，保障社会平稳发展和中原经济区建设的可持续稳步推进具有重要意义。

2. 情景设置

环境风险源危险性、风险受体暴露性和抗逆力是区域环境风险水平的决定因素，围绕这些因素，根据中原经济区及河南省的社会经济发展目标和相关发展规划，结合相关节能减排环保要求，以基准情景为基础，按逐层叠加的方式调整相关参数，设置基准情景、清洁生产情景、综合发展情景、可持续发展情景四种情景，具体设置方式如下。

　　1）基准情景

　　基准情景采用河南省 2010～2015 年环境风险源危险性、风险受体暴露性和风险受体抗逆力等相关指标的历史数据均值作为参照依据，设 2010～2015 年为基准年，揭示保持现状发展模式，区域未来所面临的环境风险。

　　2）清洁生产情景

　　清洁生产情景在基准情景基础上考虑技术进步对污染物排放的减量效应，即评价因清洁生产技术的推进降低污染物排放总量对区域未来环境风险的影响。

　　3）综合发展情景

　　综合发展情景在清洁生产情景基础上，适当控制经济发展速度，主要考虑通过降低第二产业结构的比重来控制经济发展速度，考察区域未来环境风险的变化趋势。

　　4）可持续发展情景

　　可持续发展情景在适当控制经济发展速度、推进清洁生产技术的基础上，考察加大环境治理基础设施投资、加强公众环境保护意识的培养教育和环境污染社会保障与保险力度等对区域未来环境风险的影响。

　　综上可知，基准情景主要揭示在保持现状发展模式下区域未来环境风险的变化趋势，是后续情景分析的基础；清洁生产情景主要揭示清洁生产技术进步对环境风险的影响程度；综合发展情景主要揭示摒弃一味追求高经济增长的发展模式及技术进步对区域未来环境风险的影响；可持续发展情景主要揭示降低区域环境风险源危险性、风险受体暴露性及提高风险受体抗逆力等对区域环境风险控制的作用。

10.1.2　基于情景分析的区域环境风险综合评估指标体系构建

　　区域环境风险水平取决于区域内环境风险源数量、人类社会的防范能力、管理和政策水平等因素的综合作用（朱华桂，2012；孙晓蓉等，2010）。因此，区域环境风险评价指标体系的设计应综合考虑环境风险源危险性与风险受体脆弱性控制能力。按照系统性与主导性的相结合原则、稳定性原则、差异性原则、现实性原则选取代表性指标。本章环境风险源危险性指标包含废水排放负荷、废气排放负荷、固体废物排放负荷；风险受体暴露性和抗逆力均包括人群、经济系统、生态环境的暴露性和抗逆力，分别选择人口密度、经济密度、耕地面积比表征风险受体暴露性，教育投资度、社会保障度和环境治理投资度表征风险受体抗逆力（表 10-1），不同情景分析条件下参数设定表见表 10-2。

表 10-1　评价指标体系

目标层	准则层	指标层	指标含义	指标方向
区域环境风险	环境风险源危险性（H）	废气排放负荷（H_1）	年废气排放总量与土地面积比	+
		废水排放负荷（H_2）	年废水排放总量占地表水资源量的比	+
		固体废物排放负荷（H_3）	年固体废物排放总量与土地面积比	+
	风险受体暴露性（E）	人口密度（E_1）	人口总数与土地面积比	+
		经济密度（E_3）	年国内生产总值与土地面积比	+
		耕地面积比（E_3）	耕地面积与土地面积比	+
	风险受体抗逆力（R）	教育投资度（R_1）	年教育投资与 GDP 的比例	−
		社会保障度（R_2）	年社会保障支出与 GDP 的比例	−
		环境治理投资度（R_3）	环境治理投资与 GDP 的比例	−

表 10-2　不同情景分析条件下参数设定表

指标	基准年份	基准情景（年份）				清洁生产情景（年份）				综合发展情景（年份）				可持续发展情景（年份）			
	2015	2020	2030	2040	2050	2020	2030	2040	2050	2020	2030	2040	2050	2020	2030	2040	2050
废气排放年增长率/%	16.0	16.0	16.0	16.0	16.0	10.0	10.0	10.0	10.0	10.0	10.0	10.0	10.0	10.0	10.0	10.0	10.0
废水排放年增长率/%	12.0	12.0	12.0	12.0	12.0	5.0	0	−5.0	−8.0	5.0	0	−5.0	−8.0	5.0	0	−5.0	−8.0
固体废物排放量增长率/%	3.0	3.0	3.0	3.0	3.0	2.0	0	−3.0	−5.0	2.0	0	−3.0	−5.0	2.0	0	−3.0	−5.0
人口年增速/%	0.16	0.16	0.16	0.16	0.16	0.16	0.16	0.16	0.16	0.16	0.16	0.16	0.16	0.16	0.16	0.16	0.16
GDP 年增速/%	11.9	11.9	11.9	11.9	11.9	11.9	11.9	11.9	11.9	7.5	7.5	7.5	7.5	7.5	7.5	7.5	7.5
耕地面积比/%	48.77	48.77	48.77	48.77	48.77	48.77	48.77	48.77	48.77	48.77	48.77	48.77	48.77	48.77	48.77	48.77	48.77
教育投资/GDP	2.1	2.1	2.1	2.1	2.1	2.1	2.1	2.1	2.1	2.1	2.1	2.1	2.1	3.5	5.0	7.0	10.0
社会保障/GDP	1.1	1.1	1.1	1.1	1.1	1.1	1.1	1.1	1.1	1.1	1.1	1.1	1.1	3.0	7.0	10.0	15.0
环境投资/GDP	0.6	0.6	0.6	0.6	0.6	0.6	0.6	0.6	0.6	0.6	0.6	0.6	0.6	2.0	2.5	3.0	4.0

10.1.3　基于情景分析的河南省区域环境风险综合评估流程

1. 数据一致化

由于评价指标中包括极大型和极小型指标，评价之前须将指标类型进行一致化处理。本章对极小型指标 x_{ij}（$i=1,2,\cdots,N;j=1,2,\cdots,m$）进行一致化处理时，令

$$x^*_{ij} = M - x_{ij} \tag{10-1}$$

式中，x^*_{ij} 为一致化处理后的极大型指标；M 为指标 x_{ij} 的允许上界。

2. 无量纲化处理

由于选取的指标单位和量纲不同，缺少可比性，应首先采用式（3-25）对各评价指标数据进行无量纲化处理，然后采用式（3-26）对无量纲化后的指标数据进行平移和扩大。

3. 基于纵—横向拉开档次法的加权集结

利用纵—横向拉开档次法（郭亚军等，2001）进行加权集结，计算不同年份河南省区域的环境风险指数，具体步骤如下：

第一步，对于河南省 n 个时刻、m 个指标 $x_1,x_2,\cdots,x_m$ 的数值（已标准化），用矩阵 A 表示，即

$$A = \begin{bmatrix} x'_{11} & x'_{12} & \cdots & x'_{1m} \\ x'_{21} & x'_{22} & \cdots & x'_{2m} \\ \vdots & \vdots & & \vdots \\ x'_{n1} & x'_{n2} & \cdots & x'_{nm} \end{bmatrix} \tag{10-2}$$

第二步，计算 $m \times m$ 的实对称矩阵 H，则有

$$H = A^{\mathrm{T}}A$$

第三步，计算与 H 最大特征值 $\lambda_{\max}$ 对应的权重系数向量，并归一化得到 ω；

第四步，计算线性函数，即

$$y_{t(k)} = \sum_{j=1}^{m} \omega_j x_j \quad (k=1,2,\cdots,n;j=1,2,\cdots,m) \tag{10-3}$$

式中，$y_{t(k)}$ 为河南省在 $t_{(k)}$ 时刻的区域环境风险指数评价值，ω_j 为指标 j 的权重值。

10.2　基于情景分析的河南省区域环境风险防控战略效果分析

10.2.1　基于不同情景的河南省区域环境风险预测分析

图 10-5～图 10-8 分别显示了四种情景下 2015～2050 年河南省区域环境风险预测结果。其中，柱状图表示不同年份区域环境风险指数值，线状图表示不同年份相对于基准年（2010～2015 年）区域环境风险指数的变化率。

1. 基准情景

图 10-5 所示为基准情景下河南省区域未来环境风险变化趋势预测结果。结果显示，2010～2015 年、2020 年、2030 年、2040 年和 2050 年河南省区域环境风险指数分别为 9.87、10.55、11.19、12.10 和 13.58。相对于基准年（2010～2015 年），2020 年、2030 年、2040 年和 2050 年区域环境风险指数分别升高了 6.89%、13.37%、22.59% 和 37.59%。这表明基准情景下河南省未来区域环境风险指数的上升态势明显。基准情景分析结果表明，若河南省在未来特定时间内继续保持过去的社会发展模式和方式，将会导致区域环境风险的进一步膨胀和恶化。

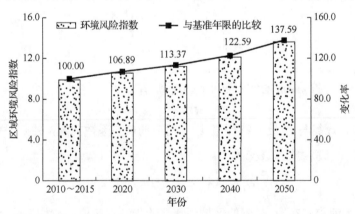

图 10-5　基准情景下河南省区域未来环境风险变化趋势预测结果

2. 清洁生产情景

图 10-6 所示为清洁生产情景下河南省未来区域环境风险变化趋势预测结果。结果显示，清洁生产情境下河南省区域环境风险总体仍呈不断恶化的态势，如

2010～2015 年、2020 年、2030 年、2040 年和 2050 年区域环境风险指数分别为 9.87、10.50、10.94、11.39 和 11.99。相对于基准年（2010～2015 年），2020 年、2030 年、2040 年和 2050 年区域环境风险指数升高了 6.38%、10.84%、15.40% 和 21.47%。由于区域环境风险系统受到环境风险源危险性、受体脆弱性和抗逆力多方面因素的影响，通过清洁生产技术的推进，可以在一定程度上减缓或者控制污染物的排放，降低区域环境风险源的危险性，但随着区域经济的发展，受体脆弱性进一步增大，在受体抗逆力得不到相应提升的前提下，仅通过清洁生产技术推进难以改善区域环境风险状况。

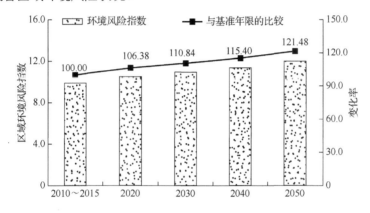

图 10-6　清洁生产情景下河南省未来区域环境风险变化趋势预测结果

3. 综合发展情景

在清洁生产情景基础上，进一步考虑通过降低第二产业比重的方式适当减缓经济发展速度，降低环境污染物的排放，降低环境风险。我国目前正处于工业化中期，此阶段的经济快速增长动力主要来自于第二产业，其中钢铁、机械、石化为核心的重化工产业群是促进经济快速增长的重要因素（王芳，2012）。这种状况决定了在保持经济总量的基础上，污染型行业仍会不断增长，污染物产生量和排放量也会持续增长，区域环境风险也会不断升高。因此，现阶段应控制以重污染工业行业为主的第二产业的过快增长，进入工业化后期，经济发展不能过度依赖传统重污染行业发展，应加大产业结构调整力度，严格限制重污染行业的发展，大力发展高科技产业和第三产业，降低工业发展给环境造成的压力。综合发展情景分析结果表明，通过开展清洁生产，不断调整经济结构，降低第二产业比重，可进一步控制区域未来环境风险的增长势头，但仍然难以扭转环境风险不断升高的趋势，如在综合发展情景下 2010～2015 年、2020 年、2030 年、2040 年和 2050 年研究区域环境风险指数值分别为 9.85、10.47、10.83、11.09 和 11.35（图 10-7）。相对于基准年（2010～2015 年），2020 年、2030 年、2040 年和 2050 年区域环境风险指数分别升高了 6.29%、9.95%、12.59% 和 15.23%。

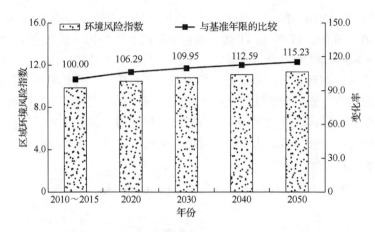

图 10-7 综合发展情景下河南省区域未来环境风险变化趋势预测结果

4. 可持续发展情景

可持续发展情景，即在基准情景基础上，综合考虑清洁生产技术推进、通过产业调整控制以第二产业为主要贡献的经济快速增长，加强提高区域环境风险保障和环境治理力度，注重区域社会公众环境风险认知能力和科学素养的培养和教育，提高区域环境风险受体的抗逆力。图 10-8 所示为可持续发展情景下河南省区域未来环境风险变化预测结果，相对于基准情景，可持续发展情景条件下研究区域未来环境风险呈不断下降的趋势。其中，2010～2015 年、2020 年、2030 年、2040 年和 2050 年区域环境风险指数分别为 9.87、9.28、7.90、7.87 和 7.29。相对于基准年（2010～2015 年），2020 年、2030 年、2040 年和 2050 年区域环境风险指数分别下降了 5.98%、19.96%、20.26% 和 26.14%。由此可知，可持续发展情景下，未来河南省区域环境风险下降趋势较为明显，这表明通过综合控制管理措施可有效缓解河南省未来区域环境风险状况。

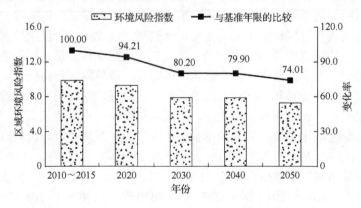

图 10-8 可持续发展情景下河南省未来区域环境风险变化趋势预测结果

10.2.2　不同情景下河南省区域环境风险防控效果对比分析

图 10-9 所示为不同情景下 2010～2050 年河南省区域环境风险预测结果。结果表明，清洁生产情景、综合发展情景和可持续发展情景对研究区域环境风险均具有抑制作用，其中，基准情景、清洁生产情景、综合发展情景和可持续发展情景下 2010～2050 年的区域环境风险指数的预测值均值分别为 11.46、10.94、10.72 和 8.44。结果表明，通过清洁生产、调整产业结构、降低第二产业比重，甚至采取综合措施均可在一定程度上降低区域环境风险，其中清洁生产情景、综合发展情景和可持续发展情景的区域环境风险指数相对于基准情景分别下降 4.54%、6.46% 和 26.35%。

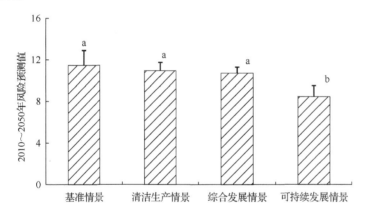

图 10-9　不同情景下 2010～2050 年河南省区域环境风险预测结果的差异

图中字母不同表示差异显著，相同表示差异不显著；$P<0.05$。

单因素方差分析表明不同情景条件下区域环境风险指数有显著差异（$P<0.05$）。其中，清洁生产情景和综合发展情景下区域环境风险相对于基准情景并未出现显著差异（$P>0.05$），表明清洁生产情景和综合发展情景对降低河南省环境风险有促进作用，但是无法扭转河南省区域环境风险不断恶化的趋势。可持续发展情景下区域环境风险与其他情景具有显著差异（$P<0.05$），表明可持续发展可有效控制河南省未来环境风险。

在社会转型的快速推进下，应改变"先污染、后治理"末端治理的一维污染控制方式，加速推进和实施复合型环境风险控制理念和模式。复合型环境风险控制模式具体体现如下：①将环境污染的末端治理转变为风险的前端控制，加快推进清洁生产技术，控制和减少污染物的排放，降低区域环境风险源的危害性；②加速传统经济发展模式的转变，调整产业结构，控制环境风险高的第二产业的快速增长，加强源头控制；③强调环境风险的分配、减少和规避，强化社会保障和社会管理在社会及公众应对环境风险中的作用，加强公众风险认知和风险应对能力的教育和培训，进而提高整个社会及公众的风险承受能力。

10.3　本章小结

本章以 2010～2015 年为基准年，运用情景分析法，引入纵—横向拉开档次法，建立区域环境风险情景分析模型，预测不同情景下 2015～2050 年河南省区域环境风险的变化趋势，主要结论如下：

（1）不同情景下河南省区域环境风险指数的对比分析表明，相对于基准情景，清洁生产情景、综合发展情景和可持续发展情景对河南省区域环境风险均有抑制作用。这说明通过开展清洁生产、调整产业结构及提高整个社会的风险控制能力均可在一定程度上降低区域环境风险。

（2）统计分析显示，基准情景、清洁生产情景和综合发展情景区域环境风险指数并未呈现显著差异（$P>0.05$），而可持续发展情景下的区域环境风险指数与其他情景具有显著差异（$P<0.05$）。这表明应加快树立和实施复合型环境风险管理的理念与战略，即依靠科技进步，大力推进清洁生产技术消减污染物排放量，改变过度依靠高污染、高投入、高风险的第二产业推动经济快速增长的现状，保持经济的适度增长，调整产业结构，并加大环境风险预防的投入，提高公众和社会风险抵御能力，通过综合型、复合型措施方能有效控制区域环境风险的恶化趋势。

参 考 文 献

包昌火，谢新洲，2006. 竞争环境监视[M]. 北京：华夏出版社.
方精云，王少鹏，岳超，等，2009. "八国集团" 2009 意大利峰会减排目标下的全球碳排放情景分析[J]. 中国科学 D 辑：地球科学，39（10）：1339-1346.
高寒，1991. 情景描述法——一种技术预测方法介绍[J]. 预测（6）：58-60.
郭亚军，潘建民，曹仲秋，2001. 由时序立体数据表支持的动态综合评价方法[J]. 东北大学学报（自然科学版），22（4）：464-467.
吉木色，郭秀锐，郎建垒，等，2013. 大城市机动车污染物排放与控制的情景预测[J]. 环境科学研究，26（9）：919-928.
刘俏，2013. 情景分析法在城市规划区域污染物排放总量中的预测研究：以安庆市为例[D]. 合肥：合肥工业大学.
盛虎，刘慧，王翠榆，等，2012. 滇池流域社会经济环境系统优化与情景分析[J]. 北京大学学报（自然科学版），48（4）：647-656.
孙建军，柯青，2007. 不完全信息环境下的情报分析方法：情景分析法及其在情报研究中的应用[J]. 图书情报工作，51（2）：63-66.
孙晓蓉，邵超峰，2010. 基于 DPSIR 模型的天津滨海新区环境风险变化趋势分析[J]. 环境科学研究，23（1）：68-73.
田金平，陈吕军，杜鹏飞，等，2013. 基于情景分析的浙江沿海地区环境污染防治战略研究[J]. 环境科学，34（1）：336-346.

王芳，2012. 转型加速期中国的环境风险及其社会应对[J]. 河北学刊，32（6）：117-122.

于红霞，钱荣，2006. 解读未来发展不确定性的情景分析法[J]. 未来与发展，27（2）：12-15.

岳珍，赖茂生，2006. 国外“情景分析”方法的进展[J]. 情报杂志（7）：59-60.

曾忠禄，张冬梅，2005. 不确定环境下解读未来的方法：情景分析法[J]. 情报方法（5）：14-16.

张亚欣，张平宇，2011. 吉林省 2020 年 CO_2 排放情景预测[J]. 中国科学院研究生院学报，28（5）：617-623.

张颖，王灿，王克，等，2007. 基于 LEAP 的中国电力行业 CO_2 排放情景分析[J]. 清华大学学报（自然科学版），47（3）：365-368.

赵珂，赵钢，2004. 非确定性城市规划思想[J]. 城市规划汇刊（2）：33-36.

赵思健，2013. 基于情景的自然灾害风险时空差异多维表达框架[J]. 自然灾害学报，22（1）：10-18.

朱华桂，2012. 论风险社会中的社区抗逆力问题[J]. 南京大学学报（哲学·人文科学·社会科学）（5）：47-53.

宗蓓华，1994. 战略预测中的情景分析法[J]. 预测（2）：50-51，55.

KAHN H, WIENER A, 1967. The Year 2000[M]. NewYork: MacMillan.